MISSION HUBBLE

Simon Goodwin

MISSION HUBBLE

Das neue Bild des Universums

Bechtermünz Verlag

Erstveröffentlichung in Großbritannien 1996 durch
Constable and Company Limited, 3 The Lanchesters,
162 Fulham Palace Road London W6 9ER
Originaltitel: Hubble's Universe: a new picture of space
Originalverlag: Constable and Company Ltd., London
Mit einem Vorwort von John Gribbin

aus dem Englischen übertragen von
Andreas Rodoschegg und Andreas Voss,
Bayerische Volkssternwarte München

Deutsche Erstveröffentlichung
© by Constable and Company Ltd., London
Text copyright © Simon Goodwin 1996.
Einleitung copyright © John Gribbin 1996.
© für die deutsche Ausgabe 1996
by Bechtermünz Verlag im Weltbild Verlag GmbH, Augsburg
Umschlagmotive:
Vorderseite: Sanduhr-Nebel; Raghvendra Sahai und
John Trauger (Jet Propulsory Laboratory),
das WF/PC2-Wissenschaftsteam und NASA;
Rückseite: Ausschnitt aus dem Adler-Nebel; Jeff Hester und
Paul Scowen (Arizona State University) und NASA
Umschlaggestaltung: Werbeagentur Eisele und Bulach, Augsburg
Bearbeitung der deutschen Ausgabe: Maasburg GmbH, München
Gesamtherstellung: Brepols, Turnhout
Printed in Belgium
ISBN 3-86047-146-5

INHALTSVERZEICHNIS

VORWORT ZUR DEUTSCHEN AUSGABE
VON RUDOLF ALBRECHT 7
VORWORT VON JOHN GRIBBIN 9
EINFÜHRUNG 13
DIE BILDER 27
GLOSSAR 117
BILDNACHWEIS 123
VERZEICHNIS DER BILDTAFELN 127

VORWORT ZUR DEUTSCHEN AUSGABE

Rudolf Albrecht

Das Hubble Space Telescope ist mit Gesamtkosten von mehr als 2 Milliarden Dollar das ambitionierteste astronomische Projekt. Die Zusammenarbeit zwischen NASA und ESA, mit wissenschaftlichen Instituten in Baltimore (Space Telescope Science Institute) und Garching bei München (Space Telescope European Coordinating Facility), sowie der Umstand, daß HST von Astronomen aus vielen verschiedenen Ländern benützt wird, zeigt in eindrucksvoller Weise den internationalen Charakter der astronomischen Forschung.

Das Bedürfnis, unsere unmittelbare Umgebung zu erkunden und uns der gefundenen Ressourcen zu bedienen, ist uns Menschen angeboren: Es ist das Resultat des evolutionären Prozesses, der uns zu dem werden ließ, was wir sind.

Solange sich die zu erkundende Umgebung auf der Oberfläche der Erde befand, begann der Erkundungsvorgang damit, daß man sich physisch in die Nähe des zu untersuchenden Objekts oder der zu untersuchenden Gegend begab und dort Beobachtungen anstellte. Auf diese Weise kam es zu Entdeckungsfahrten, Polarexpeditionen und, in jüngster Zeit, zu Raumflügen.

In der Astronomie ist diese Vorgangsweise nicht möglich. Sicher, Menschen sind bereits auf dem Erdmond gelandet und werden wahrscheinlich im Laufe der nächsten Jahrzehnte auf dem Mars landen; aber die gewaltigen Dimensionen des Universums machen es dem Menschen ganz unmöglich, die Objekte der astronomischen Forschung aus unmittelbarer Nähe zu untersuchen.

Die einzige Möglichkeit, das Universum und die darin enthaltenen Objekte zu erforschen, ist die Beobachtung. Lange Zeit war der Mensch dabei auf das Auge angewiesen, ein zur Beobachtung lichtschwacher und weit entfernter Objekte durchaus ungeeignetes Werkzeug. Erst die Entwicklung von immer größeren Teleskopen und von Detektoren, die es erlauben, auch elektromagnetische Strahlung zu registrieren, die vom menschlichen Auge nicht wahrgenommen werden kann, ermöglichte es, die Beobachtungen so zu verbessern, daß wir zum heutigen Bild des Universums gelangen konnten.

Das Hubble Space Telescope ist ein logischer Schritt in diese Richtung. Aus seiner Umlaufbahn in mehr als 500 km Höhe, und damit weit über den störenden Einflüssen der Erdatmosphäre, ist es in der Lage, Bilder mit bisher nicht erreichter Auflösung zu produzieren. Viele Phänomene, die sich aus Bildern von bodengebundenen Teleskopen nur undeutlich erkennen ließen, waren plötzlich völlig klar dargestellt. Insbesondere wurden astronomische Bilder, die bisher – abgesehen von einigen wenigen Ausnahmen – flächig und plakativ waren, plötzlich dreidimensional und damit wesentlich aussagefähiger.

So sehr es daher richtig ist, daß uns das Hubble Space Telescope ein neues Bild des Universums vermittelt, so vermessen wäre es aber, daraus den Schluß zu ziehen, daß wir schon nahe daran sind, das Universum in seiner Gänze zu erkennen. Wir dürfen nicht vergessen, daß wir noch zu Beginn dieses Jahrhunderts nicht wußten, daß es mehr als eine Galaxis gibt, und wie Sterne entstehen und wie sie Energie erzeugen. Auch ist das Hubble-Telescope mit 2,4 m Durchmesser ein verhältnismäßig kleines Teleskop, das zur Erforschung der weit entfernten und daher extrem lichtschwachen Objekte des frühen Universums nicht ideal geeignet ist. Weitere, größere Weltraumteleskope werden notwendig sein, um die fundamentalen Fragen der Entwicklung des Universums während der ersten Milliarde Jahre nach dem Urknall zu beantworten.

Betrachten Sie daher das neue Bild des Universums, das dieses Buch vermittelt, nicht als vollendetes Gemälde, sondern als einen Entwurf, eine Skizze. Wichtige Details fehlen noch, vielleicht müssen sogar größere Umänderungen vorgenommen werden. Dies soll aber der Großartigkeit des sich herausformenden Gesamtbildes keinen Abbruch tun.

Dr. Rudolf Albrecht
Space Telescope European Coordinating Facility

VORWORT

John Gribbin

Wenn man auf einem Berggipfel, weitab von jeder künstlichen Beleuchtung, in einer völlig wolkenfreien, mondlosen Nacht, den Himmel betrachtet, kann man mit dem bloßen Auge mehrere tausend einzelne Sterne sehen. Außerdem sticht das leuchtende Band der Milchstraße ins Auge. Die Milchstraße besteht aus über hundert Milliarden Sternen, die zu schwach leuchten, um noch mit dem Auge als einzelne Sterne gesehen werden zu können. Sie bilden eine diskusförmige „Insel im All", die wir als Galaxie bezeichnen. Die Sterne erscheinen uns nur deswegen so schwach, weil sie in „astronomischen" Entfernungen stehen. Dennoch sind die meisten etwa so hell wie unsere Sonne oder sogar noch heller. Wir sehen die Galaxie von innen heraus, und unsere Sonne ist nur ein unscheinbares Exemplar unter diesen Milliarden von Sternen, näher am Rand als in der Scheibenmitte gelegen.

Bis zum Beginn der zwanziger Jahre glaubten wir, daß dieses das ganze Universum sei – nur einige hundert Milliarden Sterne in einer diskusförmigen Scheibe mit einem Durchmesser von 100 000 Lichtjahren. Für menschliche Maßstäbe ist es eine unvorstellbare Ansammlung von Sternen. Ein Lichtjahr ist die Strecke, die das Licht bei einer Geschwindigkeit von fast 300 000 km/s in einem Jahr zurücklegt. Dies entspricht der eindrucksvollen Strecke von ca. 9,5 Billionen Kilometern. Als dann in den zwanziger Jahren neue und bessere Teleskope entwickelt wurden, entdeckten die Astronomen, daß, was sie früher lediglich als verschwommene milchige Flecken gesehen hatten, in Wirklichkeit eigenständige Galaxien wie unsere eigene sind, weitere Inseln im Weltall, unfaßbar weit von der Milchstraße entfernt. Unsere gesamte Heimatgalaxie schrumpfte in ihrer Bedeutung zusammen: Was wir uns als allumfassendes Universum vorgestellt hatten, war plötzlich nur mehr ein Sandkorn in einem ungeheuer großen Meer, nur eine Galaxie von vielen, genauso wie die Sonne nur ein Stern unter vielen anderen ist.

Einer der Wegbereiter dieses Wandels im astronomischen Weltbild war der amerikanische Astronom Edwin Hubble (1889-1953), der nachwies, daß das Universum nicht nur wesentlich größer ist, als die früheren Generationen glaubten, sondern sich auch weiter ausdehnt. Die Galaxien bewegen sich im Lauf der Zeit immer weiter auseinander. Diese Entdeckung führte zu der Annahme, daß alles im Universum zu einem ganz bestimmten Zeitpunkt aus einem winzigen, extrem heißen und dichten Feuerball entstand: dem Urknall („Big Bang"). Zu Ehren Edwin Hubbles wurde das Weltraumteleskop, das die atemberaubenden Aufnahmen in diesem Buch machte, nach ihm benannt.

Das **H**ubble **S**pace **T**elescope (HST) kann nicht nur viel weiter in den Weltraum hinaussehen als Hubble selbst oder seine Nachfolger mit ihren erdgebundenen Teleskopen je sehen konnten. Außerhalb der Atmosphäre der Erde, die das Licht im UV-Bereich verschluckt, erzeugte das Teleskop bisher unerreicht scharfe Aufnahmen von Objekten in unserer astronomischen Nachbarschaft, dem Sonnensystem. Es zeigte uns Bilder von Aktivitäten im interstellaren Medium unserer eigenen Galaxie, in der Sterne geboren werden und die Reste explodierter Sterne treiben. Außerhalb der Milchstraße zeigte das HST Galaxien, die sich gegenseitig beeinflussen und miteinander verbinden, um dann als größere Sternsysteme weiter zu bestehen. Und es wies Schwarze Löcher nach, jene geheimnisvollen Objekte mit der millionenfachen Masse unserer Sonne, die Sterne in den Kernbereichen einiger Galaxien verschlingen. Es sind gerade die großen Fragen über die wirkliche Größe des Universums, sein Alter und ob es sich bis in alle Ewigkeit ausdehnt oder irgendwann in einer fernen Zukunft wieder in sich zusammenstürzen wird in einem großen Kollaps („Big Crunch"), dem Gegenstück zum Urknall, aus dem es entstand, bei denen das HST neue Antworten geben kann.

Eine Besonderheit tritt bei der Beobachtung von sehr weit entfernten Objekten auf. Es ist ein Nachteil und gleichzeitig ein Vorteil für Astronomen, daß wir weit entfernte Objekte so sehen, wie sie vor langer Zeit ausgesehen haben. Da die Lichtgeschwindigkeit eine bestimmte Größe hat, dauert es eine gewisse Zeit, bis das Licht den Raum durchquert. Wir sehen beispielsweise eine Galaxie in einer Entfernung von 10 Millionen Lichtjahren so, wie sie aussah, als das Licht sie vor 10 Millionen Jahren verließ, und nicht, wie sie jetzt aussieht. Das Problem liegt darin, daß die Astronomen diese Tatsache beim Vergleich von Objekten, die verschieden weit entfernt sind, berücksichtigen müssen. Zwei Galaxien können nur aufgrund ihres unterschiedlichen Alters verschieden aussehen. In der Biologie würde niemand annehmen, daß eine Kaulquappe und ein ausgewachsener Frosch der gleichen Gattung angehören, wenn er nur junge Kaulquappen und erwachsene Frösche sieht. Durch den Vergleich einer größeren Anzahl von Galaxien in unterschiedlichen Entfernungen und Stadien (und daher verschiedenen Altersgruppen) kann man dennoch eine Vorstellung davon gewinnen, wie sich Galaxien entwickeln. Ebenso würde man ja auch schnell die Beziehung zwischen Kaulquappen und Fröschen begreifen, wenn man Beispiele für alle Stadien im Lebenszyklus dieser Tiere studieren könnte. Die einmalige Leistungsfähigkeit des HST erleichtert diese statistischen Studien, zumal einige Bilder Objekte in ihrem Zustand zum Zeitpunkt zeigen, als das Universum erst 10 Prozent seines gegenwärtigen Alters erreicht hatte. Wir überblicken damit 90 Prozent der Zeit seit dem Urknall.

Wie können wir eine Vorstellung davon erhalten, wie groß das Universum ist? Selbst die nächstgelegene Galaxie, der Andromedanebel, ist bereits mehr als 2 Millionen Lichtjahre von uns entfernt und erscheint uns so, wie sie vor 2 Millionen Jahren aussah. Bevor das HST seine Arbeit aufnahm, hatten die Astronomen Entfernungen von mehr als 1 Milliarde Lichtjahren errechnet. In diesem Raum finden sich ungefähr 100 Millionen Galaxien, von denen man nur ganz wenige bisher genauer studiert hat.

Eine Möglichkeit, um diese Größenordnungen anschaulich darzustellen, ist, alles in handliche Größen zu bringen. Fangen wir mit der Sonne, einem durchschnittlichen Stern, an. Wenn sie nur noch die Größe einer Tablette hat, wäre der nächste Stern – auch als Tablette dargestellt – in einer Entfernung von etwa 150 Kilometern. Abgesehen von den Sternen in Doppel- oder Mehrfachsternsystemen (die durch ihre Anziehungskraft aneinander gebunden sind) ist das der durchschnittliche Abstand zwischen den Sternen.

Nun verkleinern wir den Maßstab weiter, so daß unsere gesamte Galaxie, die Milchstraße, nur noch die Größe einer Tablette hat. Ähnlich wie Sterne in Gruppen auftreten können, bilden auch Galaxien derartige Häufungen. Unsere Nachbargalaxie (in kosmologischem Sinne), die Andromeda-Galaxie, ist als unsere Begleiterin bei Anwendung dieses Maßstabs gerade 13 Zentimeter entfernt. Aber die Entfernungen zwischen Galaxienhaufen sind im Verhältnis kleiner als die Entfernungen zwischen Sternen. Der nächste vergleichbare Haufen, die Sculptor-Gruppe, wäre in demselben Maßstab 60 Zentimeter entfernt. Und in nur 3 Metern Entfernung wäre eine ganze Gruppe von 200 Tabletten (von denen jede einzelne eine mehrere Milliarden Sterne umfassende Galaxie darstellt) in einem etwa fußballgroßen Haufen zu finden. Andere Haufen wären vielleicht 20 Meter groß, aber das gesamte bekannte Universum würde von einer Kugel mit einem Durchmesser von vielleicht 1 Kilometer dargestellt.

Im Verhältnis zu den Sternentfernungen stehen Galaxien weitaus enger beisammen. Das ist ein Glück für die Kosmologen. Lägen sie genauso weit auseinander wie die Sterne, wäre der Abstand zu unserer Nachbargalaxie etwa 100mal größer als die Distanz, die mit erdgebundenen Teleskopen überbrückt werden kann. Kein Astronom hätte dann eine andere Galaxie außer unserer eigenen gefunden und wir würden annehmen, daß unsere Galaxie – die Milchstraße – das gesamte Universum bildet.

Wie messen die Astronomen diese unvorstellbaren Entfernungen? Den Schlüssel zu diesem Problem liefert eine ganz bestimmte Familie von Sternen, die als „Variable vom Cepheiden-Typ" bezeichnet werden. Sie verändern ihre Helligkeit in einem festen Rhythmus: lichtstark, verblassend und wieder heller werdend. Es stellte sich heraus, daß die mittlere Helligkeit eines Cepheiden in einem festen Verhältnis zu der Dauer der vollständigen Helligkeitsänderung steht, also der Zeit, die er braucht, um von seiner größten Helligkeit über die dunkle Phase zur größten Helligkeit zurückzukehren. Durch die Messung der Periodendauer läßt sich die wirkliche Helligkeit des Sterns errechnen. Aus der Helligkeit, in der er uns erscheint, können die Astronomen dann die Entfernung errechnen – je weiter er von uns entfernt ist, desto dunkler erscheint er uns. Die Entfernungen zu etwa einem Dutzend Cepheiden in unserer Milchstraße konnte durch andere Methoden ermittelt werden, auf die hier nicht weiter eingegangen werden soll. Was dabei herauskam, ist eine Skala, deren Einteilung es den Astronomen ermöglicht, die Entfernungen zu anderen Galaxien zu bestimmen, wenn sie die Lichtschwankungszyklen von Cepheiden in diesen Galaxien messen können.

Diese Technik wurde auch angewendet, als Hubble die Distanzen zu einigen nahegelegen Galaxien maß. Hubble erfaßte auch Licht von anderen Galaxien, das seltsame Veränderungen zeigte. Wenn Licht von einem Stern oder einer Galaxie durch ein Prisma fällt, wird es in die Spektralfarben zerlegt. In diesem Spektrum finden sich helle und dunkle Querlinien, die wie ein Fingerabdruck zeigen, welche Atome das Licht ausgesendet haben. Das orange-gelbe Licht mancher Straßenlampen zum Beispiel wird durch Natriumatome erzeugt. Alle Linien haben genau bekannte Wellenlängen. Aber im Spektrum weit entfernter Galaxien waren die Linien alle etwas zum roten Ende des Spektrums hin verschoben. Dies ist die bekannte Rotverschiebung, die durch die Ausdehnung des Universums verursacht wird. Edwin Hubble entdeckte den Zusammenhang zwischen dem Betrag der Rotverschiebung und der Entfernung der Lichtquelle. Wenn der Umrechungsfaktor Rotverschiebung/Entfernung bekannt ist, kann aus der Rotverschiebung die Entfernung leicht errechnet werden.

Das einzige Problem ist die Ermittlung des Verhältnisses Rotverschiebung/Entfernung. Der beste Weg zur Lösung dieses Problems wäre die Feststellung verschiedener Lichtschwankungsperioden an Cepheiden in Galaxien in weit entfernten Galaxienhau-

VORWORT

fen. Das ist jedoch mit erdgebunden Teleskopen ausgesprochen schwierig. Aus diesem Grund ist die kosmische Meßlatte immer noch mit einem deutlichen Fehler behaftet. Das HST nimmt unter anderem eine Reihe von Messungen an derartigen Cepheiden in weit entfernten Galaxien vor, die die Unsicherheiten deutlich verringern und die Genauigkeit der Entfernungsmessungen verbessern sollen. Wenn wir dann endlich die genauen Entfernungen zu anderen Objekten kennen und ihre Fluchtgeschwindigkeit messen können, ist es ziemlich einfach, zurückzurechnen, zu welchem Zeitpunkt das Universum aus dem Urknall entstand. Im Moment können wir nur sagen, es geschah irgendwann vor 10 bis 20 Milliarden Jahren, wobei die ersten Ergebnisse von Hubble eher den kürzeren Zeitraum als wahrscheinlich gelten lassen.

Neben der Ermittlung des Geburtsdatums des Universums werden die Astronomen anhand dieser Meßdaten auch feststellen, ob die derzeit stattfindende Ausdehnung in alle Ewigkeit weitergehen oder irgendwann zum Stillstand kommen wird. Wenn man die Entfernung zwischen den Galaxien und ihre Fluchtgeschwindigkeit kennt, läßt sich hochrechnen, wie lange die Bewegung noch anhalten wird oder ob die Gravitation die Ausdehnung irgendwann zum Stillstand bringt. So trägt das HST sehr viel dazu bei, die Antwort auf die Fragen nach der Herkunft und dem weiteren Schicksal des Universums zu finden.

Das ist natürlich nur die wissenschaftliche Rechtfertigung für das HST. Aber auch wenn Sie überhaupt nichts über die Astronomie wissen oder gar kein Interesse an der Entstehung und dem künftigen Schicksal des Universums haben, können Sie die faszinierenden Bilder aus dem Weltraumteleskop genießen. In diesem Buch sind einige der spektakulärsten Aufnahmen zusammengestellt, die während der Beobachtungen und Messungen anfielen. Vor allem rückte das HST wieder das Gefühl für die Wunder der Welt, in der wir leben, in die Mitte des Blickfeldes.

Sicherlich bin ich deswegen Wissenschaftler geworden und die hier zusammengestellten Bilder boten mir die Möglichkeit, dieses Gefühl wiederzufinden. Ich hoffe, sie berühren auch Sie.

Dr. John Gribbin

EINLEITUNG

Astronomie ist die älteste Wissenschaft. Schon in grauer Vorzeit blickten Menschen empor zum nächtlichen Himmelszelt und seinen Sternen. Schon unsere Vorfahren erkannten, daß das Erscheinungsbild des Himmels eine Ordnung erkennen ließ und vorhersehbar war. Der Mond und die hellen Planeten wanderten vor einem scheinbar festen Hintergrund. Obwohl die Sterne ihre Position zueinander nicht veränderten, wechselten die bei Nacht sichtbaren Gestirne von einer Jahreszeit zur anderen. Der Mensch fand heraus, daß der Lauf der Zeit oder seine Position auf der Erde aus der Position der Gestirne errechnet werden kann. Diese praktischen Erkenntnisse kamen Hand in Hand mit der drängenden Frage, was um uns herum im Universum ist.

Am Anfang war die Erde das Zentrum des ganzen Universums und der Mensch das wichtigste darin. Obwohl schon einige der alten Griechen dachten, daß die Sonne der Mittelpunkt sein könnte, verkündete erst Kopernikus (1473-1543), daß die Erde nicht die Hauptrolle inne hat und gab damit den Anstoß für einen Wandel in unseren Vorstellungen über das Universum. Das Teleskop entwickelte sich dann zu einer der wichtigsten Erfindungen, die das Verständnis für den Kosmos förderten.

Was wir mit dem bloßen Auge am Himmel sehen können, ist nur ein winziger Bruchteil des Universums. Die Astronomen spürten von Anbeginn an den Drang, Wege zu finden, um noch mehr vom Universum zu sehen, und unser Wissen ist untrennbar mit der Entwicklung des Teleskops – unseren Augen ins All – verbunden. Je besser die Teleskope wurden, desto mehr konnten wir sehen, und die Entwicklung des Hubble-Weltraum-Teleskops bedeutete einen großen Wissenssprung.

Die ersten Fernrohre

Der erste, der den Himmel mit einem Teleskop genauer beobachtete, war Galileo Galilei (1564-1642). Er baute sich im Juni 1609 ein Linsenteleskop, das wesentlich besser als die damals verfügbaren Geräte war. Er führte seine Entwicklung dem italienischen Militär vor und erhielt eine Anstellung auf Lebenszeit in Padua. Im selben Jahr noch erkannte er, daß der Mond nicht die glatte Oberfläche der griechischen Vorstellung, sondern zerklüftete Berge und Täler wie die Erde aufweist. Im nächsten Jahr entdeckte Galilei, daß Jupiter vier Monde hat, die ihn wie ein kleines Sonnensystem umkreisen, und daß die Venus Phasen wie der Mond zeigt, also ebenfalls um die Sonne kreisen muß.

Obwohl diese Ideen bei der Kirche nicht auf Wohlgefallen stießen (es dauerte bis zum Jahr 1979, bis sich der Vatikan dazu durchgerungen hatte, Galileos Lehren als richtig anzuerkennen!), war damit die moderne Astronomie geboren, und Forscher arbeiteten daran, die Leistungsfähigkeit der Teleskope zu verbessern. Bis 1660 wurden die Linsenteleskope immer größer; aber mit der damaligen Technik konnten keine Linsen in ausreichender Größe und Qualität hergestellt werden, so daß die Bilder durch Farbränder beeinträchtigt waren. Da diese Ränder besonders bei Fernrohren mit kurzer Brennweite auffielen, baute man Fernrohre mit immer längerer Brennweite. Die daraus entstehenden Geräte waren lange, instabile Konstruktionen, die komplizierte Halterungen mit Masten und Seilen erforderlich machten. Der Durchbruch kam 1672, als Isaac Newton (1643-1727) bei einer Tagung der Royal Society in London sein „Spiegelteleskop" vorstellte. Er verwendete, wie der Name andeutet, Spiegel anstelle von Linsen. Spiegel zeigen keine Farbränder, können in größeren Durchmessern und genauer als Linsen hergestellt werden. Damit steigerte sich die Leistungsfähigkeit der Teleskope immer weiter und das Universum öffnete sich der Forschung.

Dennoch dauerte es bis in unser Jahrhundert, bis die tatsächliche Größenordnung des Weltalls sowie die Nebenrolle unserer Erde und des Sonnensystems deutlich wurde, nämlich daß die Milchstraße, in der die Sonne nur ein Stern unter einigen hundert Milliarden anderer ist, nur eine von Milliarden Galaxien im Universum darstellt.

Hubble

Der Begriff des „expandierenden Universums" ist untrennbar mit dem amerikanischen Astronomen Edwin Powell Hubble (1889-1953), einem Pionier bei der Entdeckung von Galaxien außerhalb der Milchstraße, verbunden. Es war deshalb naheliegend, 1983 das bislang größte Observatorium im Weltraum nach ihm zu benennen. Hubble studierte Physik und Astronomie an der Universität von Chicago (wo er auch als Schwergewichtsboxer glänzte), promovierte in Oxford in Rechtswissenschaften und arbeitete kurz als Anwalt. Er diente im Ersten Weltkrieg, kehrte dann nach Chicago zurück, um den Doktortitel in Astronomie zu erwerben und arbeitete meistens im Observatorium auf dem Mount Wilson in Kalifornien.

Die Idee, ein Teleskop in einer bemannten Raumstation zu installieren, hatte erstmals der Weltraumpionier Hermann Oberth im Jahre 1923. Der Betrieb eines Teleskops außerhalb der Erdatmosphäre würde viele Probleme lösen, denn diese wirkt wie ein Filter, der den Großteil des elektromagnetischen Spektrums von der Erdoberfläche abhält und die Qualität der restlichen Strahlung beeinträchtigt. Derartig weit in die Zukunft reichenden Ideen stießen in der damaligen Zeit, als das Fliegen noch den Reiz des Neuen hatte, auf große Skepsis. Seine Idee wurde 1946 von dem Amerikaner Lyman Spitzer jr. wieder aufgegriffen, aber bis in die 60er Jahre wurde sie nicht ernst genommen. Die Raumfahrt machte zu dieser Zeit gewaltige Fortschritte: 1957 starteten die Russen den ersten künstlichen Satelliten Sputnik, 1961 fand der erste bemannte Raumflug, gestartet wiederum von den Russen, statt; der Flug von *Apollo 11* zum Mond stellte einen Triumph für die amerikanische National Aeronautical and Space Administration (NASA) dar und prägte den Ausspruch 'giant leap for mankind' („ein gewaltiger Schritt für die Menschheit") bei der Mondlandung im Juli 1969. Vor diesem Hintergrund erschien alles möglich, und die Pläne für ein großes Weltraumteleskop nahmen Gestalt an.

Das Projekt, aus dem HST werden sollte, wurde 1977 vorgelegt und sah vor, das Teleskop mit geschätzten Kosten in Höhe von 450 Millionen Dollar zu entwickeln und 1983 zu starten. Jedoch wurde die NASA aufgefordert, einen Partner zu suchen, um die Kosten auf mehrere Einrichtungen zu verteilen. Die Europäische Weltraumagentur (ESA) erklärte sich bereit, sich im Ausmaß von 15 Prozent an dem Projekt zu beteiligen. Die Beteiligung wurde in Form von Entwicklung und Fertigung verschiedener Komponenten des Teleskops sowie durch die Bereitstellung von Personal erbracht. Im Gegenzug erhielt ESA Anspruch auf 15 Prozent der Beobachtungszeit.

Es traten jedoch unerwartete Schwierigkeiten beim Bau eines Satelliten dieser Größe auf, die immer wieder zu Verzögerungen führten. Als neuer Starttermin wurde Ende 1986 angestrebt, doch die Challenger-Katastrophe zwang die gesamte Shuttle-Flotte auf den Boden. Wieder wurde der Start des HST verschoben, diesmal auf 1990. Mittlerweile eskalierten die veranschlagten Kosten für die Planung und den Bau auf das Dreifache und erreichten 1986 die Höhe von 1,6 Milliarden Dollar. Allerdings sollte das kein Nachteil sein, da die Ingenieure die Zeit dazu nützten, verschiedenen Systeme des Teleskops weiter zu verbessern. Das Space Telescope Science Institute (STScI) wurde an der Johns Hopkins Universität in Baltimore als Verwaltungs- und Wissenschaftszentrum gegründet.

Die Ziele des HST

Das HST wurde mit dem Ziel entwickelt, eine große Zahl von sehr verschiedenen Beobachtungen über die gesamte Spannweite astronomischer Objekte von Asteroiden und Kometen im Sonnensystem bis zu supermassereichen Galaxienhaufen am Ende des Universums durchzuführen. Die Größenunterschiede sind überwältigend: von 500 Kilometern eines großen Asteroiden bis zu Galaxienhaufen, die billionenmal größer sind. Obwohl das HST nicht die detaillierten Aufnahmen von den Planeten im Sonnensystem liefern kann wie z. B. die Raumsonden *Voyager* oder *Mariner*, ist es in der Lage, häufiger und beständiger Bilder zu liefern auf der Suche nach Veränderungen in Planetenatmosphären und Temperaturen oder bei der Suche nach kleinen Asteroiden und Kometen, die sonst von der Erde aus unentdeckt bleiben würden. Ein Höhepunkt war die Beobachtung der Kometeneinschläge auf dem Jupiter im Juli 1994 (siehe Bildtafeln 14 und 15).

Das HST erforscht aber auch unsere eigene Milchstraße. Sein hervorragendes Auflösungsvermögen erlaubt es, die Bildung von Sternen in riesigen Gas- und Staubwolken zu beobachten. Die Strukturen und der Aufbau anderer Galaxien können in allen Einzelheiten studiert werden.

Das HST hilft den Astronomen auch bei der Ermittlung der entscheidenden „Meßlatte". Die Entfernungen zu astronomischen Objekten außerhalb des Sonnensystems können nicht direkt gemessen werden, daher kommen indirekte und oft unsichere Meßmethoden zur Anwendung. Je weiter ein Objekt entfernt ist, desto ungenauer ist in aller Regel die Schätzung seiner Entfernung. Die Entfernungen werden meist in „astronomischen Einheiten" (Abk.: AE; mittlerer Abstand zwischen Erde und Sonne – 150 Millionen Kilometer) oder in „Lichtjahren" (Strecke, die das Licht in einem Jahr zurücklegt – 9,5 Billionen Kilometer) angegeben. Bei Abständen zwischen Sternen kann der Meßfehler in der Größenordnung von 5 bis 10 Prozent liegen, während bei Galaxienhaufen auch mehr als 50 Prozent möglich sind. Mit der verbesserten Auflösung des HST können auch Sterne in viel größeren Entfernungen als früher genau vermessen werden.

In Hubble's expandierendem Universum wird das HST eingesetzt, um mehr über die Ausdehnung zu erfahren. Unter der Vorgabe von Hubble's Gesetz, daß sich Galaxien um so schneller von uns wegbewegen, je weiter sie entfernt sind, versuchen die Astronomen nun, die Ausdehnungsgeschwindigkeit genauer zu erfassen, das heißt, die sogenannte „Hubble-Konstante" zu messen. Derzeit schwankt diese Konstante um den Faktor 2. Es ist ein Hauptanliegen der Wissenschaftler, mit dem HST diesen Wert genauer zu erfassen.

Die wichtigste und spannendste Aufgabe, die das HST lösen helfen soll, ist der Versuch, die Größe und Natur des gesamten Universums herauszufinden. Kosmologen nehmen an, daß das Universum aus einem winzigen superheißen und superdichten Punkt vor etwa 10 bis 20 Milliarden Jahren in einer gewaltigen Explosion, dem Urknall, entstand. Aus diesem Punkt hat sich das Universum bis auf seine heutige Größe ausgedehnt. Was wir noch nicht wissen: Dehnt sich das Universum bis in alle Ewigkeit aus oder wird es irgendwann einmal wieder in sich zusammenfallen? Wie schnell dehnt es sich aus? Wie alt ist das Universum? Wie groß ist das Universum? Das HST spielt eine wichtige Rolle bei der Lösung dieser und anderer Fragen.

Die Instrumente des HST

Das HST ist ein Satellit in Form eines Zylinders von 13,1 Meter Länge und 4,3 Meter Durchmesser an seiner breitesten Stelle bei einem Gewicht von 11,6 Tonnen – etwa Omnibusgröße. Es wurde mit der Vorgabe entwickelt, eine sehr große Vielfalt von astronomischen Aufgaben im Vakuum des Alls ohne menschliche Hilfe zu erledigen, und enthält einige der technologisch komplexesten Geräte, die je gebaut wurden (Bildtafel 1).

In seiner Umlaufbahn um die Erde kann das HST ungestört von der Atmosphäre alle Wellenlängen vom Infraroten über das sichtbare Licht bis ins Ultraviolette beobachten. Das Licht tritt in den Tubus des Teleskops ein, trifft auf den Hauptspiegel (2,4 Meter Durchmesser) und wird auf den kleineren Hilfsspiegel darüber zurückgeworfen. Von diesem Spiegel fällt das Licht durch eine kleine Bohrung im Hauptspiegel auf die Meßinstrumente. Diese Cassegrain-Bauform findet sich auch in vielen Teleskopen auf der Erde. Das Weltraumteleskop könnte einen Pfennig auf eine Entfernung von 20 Kilometern erkennen. Das Lichtsammelvermögen ist so hoch, daß es ein Glühwürmchen in 16 000 km Abstand noch abbilden kann.

Im Herzstück des Teleskops sind parallel zur Hauptachse wissenschaftliche Instrumente angeordnet, welche die Objekte beobachten sollen, auf die das Teleskop ausgerichtet ist. Über ihnen sind in Ladebuchten die Feinnachführung und die *Wide Field and Planetary Camera* (WF/PC) angeordnet. Das Blickfeld der Feinnachführung umfaßt den Rand des Gesichtsfeldes, welcher zwar größer, aber durch Astigmatismus beeinträchtigt ist. Der zentrale Teil des Gesichtsfeldes wird durch einen 45-Grad-Spiegel in die WF/PC gelenkt. Die WF/PC ist die am häufigsten verwendete Kamera, und die meisten Aufnahmen in diesem Buch wurden mit ihr gemacht. Sie wurde im Jet Propulsion Laboratory der NASA unter der Leitung von James Westphal, dem führenden Forscher des California Institute of Technology, gebaut und kann Bilder sowohl im infraroten als auch im ultravioletten Licht aufnehmen. Sie deckt damit einen größeren Wellenlängenbereich als das menschliche Auge ab.

Die WF/PCs empfangen das Licht mit Hilfe von „charge coupled devices" (CCDs), die das elektronische Gegenstück zur Photoplatte bilden und die Daten des Lichts, das auf sie auftrifft, digital speichern. Im Prinzip besteht ein CCD aus einer großen Anzahl

EINLEITUNG

BILDTAFEL 1

a) Hauptspiegel. b) Instrumentenbucht. c) Antenne mit hohem Wirkungsgrad (ist Teil der Kommunikationseinrichtungen). d) Solarzellen. e) Sonnenschutz.

elektronischer „Augen", die das einfallende Licht in ein elektrisches Signal umsetzen, das dann von einem Rechner ausgelesen und weiter verarbeitet werden kann. Im Gegensatz dazu verändern sich Photoplatten durch Lichteinfall chemisch, wobei diese Veränderung erst durch die Entwicklung sicht- und haltbar gemacht wird. Außerdem sind Photoplatten nur einmal verwendbar, während ein CCD immer wieder neue Bilder aufnehmen kann. Vor allem aber sind CCDs, abhängig von der Wellenlänge des beobachteten Lichtes, 10 bis 40 mal empfindlicher als Photoplatten.

In den anderen drei Ladebuchten befinden sich die „Fine Guidance Sensors" (FGSs). Diese Geräte spielen bei der Ausrichtung und der Positionskorrektur des Teleskops eine wichtige Rolle. Sie suchen dazu „Leitsterne", deren Positionen sehr genau bekannt sind, und halten diese Sterne auf einer bestimmten Position ihres Blickfeldes fest. Für die Ausrichtung werden nur zwei FGS benötigt, doch sie sind so wichtig, daß ein dritter als Ersatzinstrument für unerläßlich gehalten wurde.

Im Herzen des Teleskops sind die Instrumente „on axis" untergebracht. Die „Faint Object Camera" (FOC) wurde als ein Beitrag zum Hubble-Projekt von der ESA in Europa gebaut. Das wissenschaftliche Entwicklungsteam konstituierte sich unter der Leitung von H. D. van der Hulst vom Observatorium Leiden in den Niederlanden. Die FOC nützt das Auflösungsvermögen des Teleskops voll aus. Die eingesetzten Bildverstärkungstechniken können noch Objekte abbilden, die 50mal lichtschwächer sind, als jene, die Teleskope an der Erdoberfläche wahrnehmen könnten. Die FOC kann ein Bildfeld mit einer Winkelauflösung von 0,02 Bogensekunden abbilden.

In den Ladebuchten finden sich auch zwei Spektrographen. Der erste ist der „Faint Object Spectrograph" (FOS), den ein Forschungsteam unter der Leitung von Richard Harms von Science Applications Inc. baute. Der FOS kann einen weiten Bereich des Spektrums – vom fernen Ultraviolett bis sichtbar – abdecken und damit eine größere Zahl von Spektrallinien finden. Er war auch eines der Opfer der Startverzögerungen aufgrund der Challenger-Katastrophe. Während der vierjährigen Lagerung hatte sich einer der Spiegel verändert. Durch die Einwirkung von Sauerstoff hatte sich das Reflektionsvermögen – besonders im Ultravioletten – etwas verschlechtert. Der zweite Spektrograph ist der „Goddard High Resolution Spectrograph" (GHRS), an dessen Entwicklung John C. Brandt maßgeblich beteiligt war. Er ist ein Ultraviolett-Spektrograph, speziell für die Beobachtung der Teile des Spektrums entwickelt, die von der Erde aus nicht mehr beobachtet werden können. Da er nur einen kleinen Teil des Spektrums erfaßt, bildet er diesen in sehr hoher Auflösung ab.

Ein weiteres Gerät, das „High Speed Photometer" (HSP), das in den Ladebuchten montiert ist, wurde entwickelt, um bei bestimmten Wellenlängen die Intensitätsänderungen im Laufe der Zeit zu messen. Leider erwies sich das Photometer als nur bedingt einsatzfähig. Da man für die Servicemission eine Ladebucht für die Korrekturoptik benötigte, wurde es ausgetauscht.

Beobachtungen mit dem HST

Im Laufe eines Jahres kann das HST den gesamten Himmel beobachten. Jedoch sind Objekte, die sich in einem Winkel von weniger als 50° von der Sonne befinden, wegen der Gefahr der Beschädigung der Instrumente durch das einfallende Sonnenlicht ausgeschlossen. Aus demselben Grund kann das HST Objekte, die zu nahe an der Erde oder am Mond liegen, nicht beobachten. Eine weitere Einschränkung wird durch die „Südatlantische Anomalie" hervorgerufen: Über einem Gebiet im Südatlantik werden energiereiche geladene Partikel durch das Magnetfeld der Erde eingefangen. Diese Teilchen stören die elektronische Ausrüstung des HST, so daß zuverlässige Beobachtungen in dieser Gegend unmöglich sind. Daher werden viele Beobachtungen so gelegt, daß sich das Teleskop während des Durchfliegens der Anomalie auf ein neues Ziel ausrichten kann.

Das STScI plant die Beobachtungsprogramme und trifft die wissenschaftlichen Entscheidungen über die bestmögliche Anwendung des Teleskops. Wenn diese Planungen abgeschlossen sind, werden sie an das NASA Goddard Space Flight Center Space Telescope Operations Control Center (STOCC) weitergeleitet, welches das HST steuert. Das STOCC ist auch für den technischen Betrieb des HST verantwortlich, der die Kommunikation, die Übertragung der Daten zur Erde und die Neuausrichtung auf die Beobachtungsziele umfaßt. Das HST kann Objekte in der Richtung der Himmelspole über lange Zeit hinweg beobachten, alle anderen Zonen werden immer wieder durch Erde oder Mond verdeckt. Muß man die Beobachtung eines Objekts wegen einer Bedeckung durch die Erde unterbrechen, könnte ein anderes ausgewählt werden, jedoch ist es meist effizienter, die Pause für die Durchführung von Wartungsarbeiten zu verwenden.

Das HST ist mit sechs Kreiselstabilisatoren ausgestattet, von denen nur vier für die Lagesteuerung benötigt werden. Diese können den Satelliten in etwa einer Stunde vollständig um die eigene Achse drehen, doch normalerweise werden die Beobachtungen so geplant, daß die Zeiten für Neuausrichtungen so kurz wie möglich gehalten werden. Vom Beginn einer Schwenkbewegung an dauert es bis zu 75 Minuten, bis die FGS die Leitsterne finden. Sobald die Sterne erfaßt sind, zeigt der Hauptspiegel auf das gewünschte Objekt, und die astronomische Beobachtung kann beginnen. Das einfallende Licht wird auf die Instrumente und ihre CCDs oder Spektrographen gebündelt. Der wichtigste Unterschied zwischen dem Auge und einem CCD ist für die Astronomen die Sammelfähigkeit der Halbleiter. Das menschliche Auge wird mehrere Male pro Sekunde „gelöscht", das heißt, das was wir gerade gesehen haben, wird vergessen und die Beobachtung beginnt von neuem. Dadurch können wir Bewegungen überhaupt erst erkennen. Die Lichtmengen, die uns von den meisten astronomischen Objekten erreichen, sind jedoch so klein, daß das Auge in dieser kurzen Zeit sie gar nicht erst erkennen kann und das Objekt damit scheinbar „unsichtbar" ist. Ein Teleskop vergrößert die lichtempfangende Fläche (das ist einer der Gründe, weshalb die Größe eines Teleskopspiegels eine so wichtige Rolle spielt), und wir können damit mehr erkennen.

Durch die Erfindung der Photoplatte (und deren Nachfolger, des CCD) wurde die Leistungsfähigkeit der Teleskope nochmals gesteigert. Im Gegensatz zu Ferienbildern, bei denen der Verschluß nur einige Hundertstel Sekunden geöffnet bleibt, sind für astronomische Objekte viel längere Belichtungszeiten, manchmal sogar einige Stunden, notwendig, bis ausreichend Licht auf dem CCD gesammelt wurde. Alle Bilder in diesem Buch sind das Ergebnis von Langzeitbelichtungen.

Während das HST beobachtet, sendet es seine Informationen über die Verbindungssatelliten der TDRS-Kette (ein erdumspannendes Netz von Kommunikations-Satelliten) nach White Sands, New Mexico, dem Kommunikationszentrum der NASA. Von dort gehen die Daten an das STOCC und an das STScI. Wenn keine Verbindung möglich ist, speichert das Teleskop die Daten auf zwei Bandspeichern an Bord. Sobald die Verbindung wieder hergestellt ist, werden die gespeicherten Daten zur Erde übertragen.

Die Astronomen, die Beobachtungen mit dem HST durchführen lassen, sind nur sehr selten im STScI anwesend. Normalerweise werden die Daten von STScI gesammelt und den Astronomen über Internet oder auf Magnetband übermittelt. Die Astronomen können dann die erhaltenen Daten aufrufen und damit ihren Arbeiten durchführen.

Start, „First Light" und anfängliche Probleme

Im Jahr 1990 war das HST dann endgültig startbereit. Die Raumfähre *Discovery* (Mission STS31) hob am 24. April mit dem HST an Bord ab. Einen Tag später wurde das Teleskop ausgesetzt. Bildtafel 2 zeigt das HST mit den ausgefahrenen Solarzellenpaneelen und der Hochleistungsantenne. Das HST wurde in eine Umlaufbahn von 600 km über der Erdoberfläche gebracht, die es in 97 Minuten mit einer Geschwindigkeit von 29 000 Kilometern pro Stunde einmal um die Erde führte. Dies ist die höchste mit Space Shuttle erreichbare Umlaufbahn, absolut gesehen jedoch ein niedriger Orbit. Die Astronomen warteten mit angehaltenem Atem auf die Ergebnisse der Tests, die das Funktionieren aller Systeme bestätigten. Am 20. Mai 1990 war der Augenblick der Wahrheit gekommen: Das HST richtete seinen Hauptspiegel auf den Sternhaufen NGC 3532, 1 300 Lichtjahre entfernt, für das „first Light". Wie erwartet, war das Bild nicht ganz scharf, und es mußten verschiedene Justierungen durchgeführt werden. Während an die Weltpresse das Funktionieren des HST gemeldet wurde, war hinter den Kulissen nicht jeder glücklich. Die Bilder sahen irgendwie undeutlich aus. Das Licht eines Sterns sollte fast vollständig in einem kleinen Punkt (den man als Zentralscheibchen bezeichnet) gebündelt werden, aber dies passierte anscheinend nicht. Der Vorteil des HST gegenüber erdgebundenen astronomischen Beobachtungen war, daß es wesentlich kleinere Scheibchen liefern sollte als Aufnahmen von der Erde. Die ersten Bilder zeigten jedoch einen unerwartet großen Hof um die Bilder der Sterne. Die Bildqualität war aber nur ein Fehler unter einer Reihe von weiteren. Die zwei Sonnenpaddel waren nicht optimal entwickelt und versetzten den Satelliten in Schwingungen, wenn sie sich während einer Erdumkreisung durch Erwärmung ausdehnten und durch Abkühlung schrumpften. Auch die FGSs hatten Schwierigkeiten bei der Erfassung der Leitsterne, die offenbar durch Fehler im Computerprogramm entstanden. Diese ließen sich jedoch relativ einfach von der Erde aus beheben. Die anderen Fehler waren jedoch schwerwiegender.

Je mehr Tests durchgeführt wurden, desto mehr waren die Astronomen verwirrt. Nach und nach bildete sich die Meinung heraus, daß der Hauptspiegel einen gravierenden Fehler aufweisen mußte.

Um einen Teleskopspiegel herzustellen, wird ein Rohling aus einer speziellen Glasmasse sorgfältig in eine fast hohlkugelförmige Form geschliffen, poliert und anschließend mit einer spiegelnden Metallschicht belegt. Die Form des Spiegels bestimmt wesentlich sein Lichtsammelvermögen und muß deswegen sehr genau eingehalten werden. Als Isaac Newton sein erstes Spiegelteleskop baute, war sein Spiegel kugelförmig und bündelte das Licht nicht ganz exakt. Eine kugelförmige Spiegeloberfläche reflektiert jedoch das Licht nicht in einem Punkt, sondern in einer Zone entlang der Spiegelachse. Das bedeutet, daß man das Bild verschmiert sieht, weil das Licht an keinem Bildpunkt exakt gebündelt wird.

Eine Lösung für diesen Fehler ist der Schliff des Spiegels als Paraboloid, welches das Licht exakter bündelt. Unglücklicherweise wurde beim Schliff des HST-Spiegels ein Fehler begangen und der Spiegel zu flach ausgeformt.

Der Hauptspiegel wurde aus einem 1 Million Dollar teueren Rohling durch die Firma Perkin-Elmer hergestellt. Um die Form des Spiegels zu kontrollieren, bauten die Optiker ein spezielles Gerät, einen Autokollimator. Er bestand aus zwei kleinen Spiegeln und einer Linse, die über dem Prüfling aufgehängt waren. Ein Laserstrahl beleuchtete den Prüfling durch die Linse, das reflektierte Licht bildete ein bestimmtes Muster, das Aufschluß über die Form des Spiegels gab und den Ingenieuren anzeigte, ob alles stimmte. Um richtig zu funktionieren, hätte die Korrekturlinse in einem ganz bestimmten Abstand über den Spiegeln hängen müssen. Bei der Einstellung des Kollimators wurde nur ein kleiner Fehler begangen und die Linse um die winzige Strecke von 1,3 Millimetern versetzt montiert. Das Muster des reflektierten Lichtes zeigte einen eigentlich nicht vorhandenen Fehler, und die Techniker schliffen daraufhin etwas mehr Glas am Rand des Spiegels ab – der Spiegel wurde um 2 Mikrometer (0,002 Millimeter; etwa ein Fünfzigstel der Breite eines Menschenhaares!) zu flach.

Der Fehler hätte bei späteren Tests zwar bemerkt werden können, jedoch stand Perkin-Elmer nach Überschreiten von Zeit- und Finanzplan unter enormem Druck, den Spiegel endlich zu liefern und das vorgesehene Budget nicht weiter zu überziehen. Eine gründliche Abschlußüberprüfung vor dem Start wurde als zu aufwendig und damit zu teuer unterlassen, und der Fehler daher erst festgestellt, als der Spiegel schon in der Umlaufbahn war. Das Auflösungsvermögen des Spiegels ging dadurch auf bis zu zwei Bogensekunden zurück – etwa die Größenordnung, die auch kleinere erdgebundene Teleskope bieten. Das Lichtsammelvermögen litt ebenfalls: statt der erwarteten 80 Prozent wurden nur 10 bis 15 Prozent des Lichts im Brennpunkt gesammelt.

Verschiedene Lösungsmöglichkeiten wurden diskutiert und wieder verworfen. Als Notbehelf wurde ein mathematisches Verfahren, die Entfaltung, auf die übertragenen Bilder angewendet. Dabei wird das fehlerbehaftete Bild „auseinandergenommen" und wieder so zusammengesetzt, wie es von einem korrekt geschliffenen Spiegel erzeugt worden wäre. Bei dieser Behandlung besteht aber die Gefahr, daß viele Informationen im Originalbild bei der Korrektur unwiederbringlich verloren gehen. Darum wurde weiterhin nach Lösungsmöglichkeiten gesucht.

Die Reparaturmission

Am 2. Dezember 1993 startete die Raumfähre *Endeavour* (Mission STS-61) zu einem elftägigen Flug mit neuen Geräten und sieben Astronauten, die über ein Jahr speziell für die Reparatur trainiert hatten. Für das Training wurden ausgefeilteste Technik und das „Reservegerät" der NASA verwendet – eine Kopie des HST in Originalgröße, das in einem Wassertank aufgebaut war, um die Schwerelosigkeit zu simulieren. Als erstes mußte das HST angeflogen, mit dem Teleskoparm eingefangen und in der Ladebucht des Shuttles verstaut werden. Nach der erfolgreichen Durchführung begannen vier Astronauten mit den Außenarbeiten und wechselten verschiedene Instrumente des Teleskops. Insgesamt waren die Astronauten bei fünf Ausstiegen mehr als 35 Stunden im Weltraum (zwei weitere Ausstiege waren zwar noch eingeplant, wurden aber nicht mehr benötigt).

EINLEITUNG

Das HST wurde bewußt modular aufgebaut, um defekte Einheiten einfach austauschen oder wissenschaftliche Geräte gegen neuere, leistungsfähigere austauschen zu können. Bei der Entwicklung des Satelliten wurden eine Anzahl von Fangösen angebracht, mit denen das Shuttle das Teleskop einfangen und in die Ladebucht manövrieren kann. Für die Astronauten befinden sich 76 Handgriffe an der Außenseite des Teleskops. Bildtafel 3 zeigt den Astronauten Story Musgrave bei einem der ersten Außeneinsätze. Als das HST gestartet wurde, ging man von drei Servicemissionen während der angenommenen 15 Jahre Betriebsfähigkeit aus.

Bei dieser ersten Servicemission wurde als wichtigste Maßnahme eine Korrekturoptik für den defekten Hauptspiegel eingebaut. Außerdem wurden die Sonnensegel und verschiedene defekte oder unzuverlässig gewordenen Geräte ausgetauscht. Es ist unmöglich, den Hauptspiegel auszutauschen, ohne das Teleskop auseinanderzunehmen und danach wieder zusammenzubauen. Nachdem der Fehler des Spiegels genau bekannt war, wurde eine Korrekturoptik entwickelt. Eine neue Wide Field/Planetary Camera (WF/PC2) wurde anstelle der alten WF/PC1 eingebaut. Dazu kam als neues Modul die Korrekturoptik, das Corrective Optics Space Telescope Axial Replacement (COSTAR). Um Platz für COSTAR zu finden, mußte ein Instrument aufgegeben werden. Nachdem sich das High Speed Photometer (HSP) als das problematischste Gerät herausgestellt hatte, wurde es ausgebaut. Bildtafel 4 zeigt Astronautin Kathryn Thornton, die mit Hilfe von Thomas Akers die telefonzellengroße COSTAR-Einheit aus der Transportverpackung hebt. Die Reparaturen wurden jeweils von zwei Astronauten im Wechsel durchgeführt. Bild 5 zeigt die Ladebucht mit dem HST gegen Ende der Reparaturmission, die aus der Sicht der NASA ein voller Erfolg war. Unklar war noch, ob die neuen Komponenten ihre Arbeit wie geplant durchführen würden.

Um 19:00 Uhr MEZ des 17. Dezember 1993 traf sich das Wissenschaftlerteam, um zu sehen, ob die Korrekturoptik den Spiegelfehler behoben hatte. Als das Bild eines Sterns auf den Bildschirmen erschien, wußte jedermann, daß die Reparaturen erfolgreich waren. Der Stern erschien nun hell und scharf wie Nadelstiche und nicht mehr als unscharfer Lichtfleck. Hubble hatte endlich seine volle Leistungsfähigkeit erreicht.

Diese drei Bilder (Bildtafel 6) des Sterns Melnick 34 im Nebel 30 Doradus verdeutlichen diesen Erfolg. Das erste (6a) wurde von George Meylan an der Europäischen Süd-

BILDTAFEL 6

a   b   c

EINLEITUNG

sternwarte hoch in den chilenischen Anden mit einer Winkelauflösung von 0,6 Bogensekunden aufgenommen; diese Auflösung ist die bestmögliche von der Erdoberfläche aus. Die nächste Aufnahme wurde von der WF/PC1 vor der Reparatur übertragen und zeigt die Wirkung des Spiegelfehlers sehr deutlich. Das zentrale Scheibchen im Bild des Sternes erschien kleiner und es sind Hintergrundsterne erkennbar. Der Spiegelfehler erzeugt einen schleierartigen Hof um Melnick 34. Die deutlich verbesserte Auflösung der WF/PC2 fördert noch weitaus mehr Hintergrundsterne zu Tage, die von der Erde aus nicht zu erkennen sind (6c).

Die nächsten Servicemissionen sollen in den Jahren 1997, 1999 und 2002 stattfinden. 1997 werden der Faint Object Spectrograph (FOS) gegen die Baugruppe des Near Infrared Camera and Multiobject Spectrometer (NICMOS) und der Goddard High Resolution Spectrograph (GHRS) gegen den Space Telescope Imaging Spectrograph (STIS) ausgetauscht. Die Advanced Camera for Surveys (ACS) wird derzeit für die Mission im Jahr 1999 gebaut und soll die Faint Object Camera ersetzen. Diese Austauschvorgänge werden die Beobachtungsmöglichkeiten für Hubble deutlich erweitern.

BILDTAFEL 3

EINLEITUNG

BILDTAFEL 4

DIE BILDER

Die schwarzen Ecken, die auf manchen Bildern zu sehen sind, beruhen nicht auf einem Defekt der Kamera oder der Abbildung. Die in diesen schwarzen Ecken befindlichen CCDs werden zur Nachführung der Kamera (zum Ausgleich der Eigenbewegung des HST) benötigt und können daher kein Bild liefern.

BILDTAFEL 7

MARS

Mars, der vierte Planet im Sonnensystem, ist eines der hellsten Objekte am Nachthimmel. Er ist auch mit dem bloßen Auge deutlich rötlich erkennbar. Die rostrote Farbe wird auch von Rost hervorgerufen. Die roten Sande enthalten oxidiertes Eisen, und dessen feurige Erscheinung führte zur Benennung nach dem römischen Kriegsgott Mars.

Mars umkreist die Sonne in einer Entfernung von etwa 1,5 astronomischen Einheiten (225 Millionen Kilometer). Er hat ungefähr 11 Prozent der Erdmasse bei etwas mehr als dem halben Erddurchmesser. Seine dünne Atmosphäre in Verbindung mit der großen Entfernung zur Sonne macht den Planeten kalt – mit Durchschnittstemperaturen am Äquator von -50 Grad Celsius.

Dieses Bild wurde aufgenommen, als sich Mars in einer nahen Opposition in relativ geringer Erdentfernung von nur 103 Millionen Kilometern befand. Oppositionen ereignen sich alle zwei Jahre und ermöglichen uns klarere Einblicke auf die Oberfläche des Planeten. Es fällt auf, daß Mars ziemlich bewölkt erscheint. Normalerweise ist die Zahl der Wolken in der Atmosphäre eher gering, und ihre Anwesenheit zeugt von einem erst kürzlich erfolgten Temperatursturz. Die nördliche Polkappe ist wegen ihrer Neigung in Richtung Erde am oberen Rand deutlich erkennbar. Sie besteht aus großen Mengen Wassereis, ähnlich den irdischen Polkappen. Die südliche Kappe ist viel kälter, da sie von der Sonne wegzeigt, und besteht zum größten Teil aus gefrorenem Kohlendioxid. Am westlichen Rand (links) sind noch Restwolken zu sehen, die sich in der Nacht gebildet hatten, als die Temperaturen fielen und sich Eiskristallwolken bildeten. Der rote Fleck in der Wolkendecke ist der riesige Vulkan Ascraeus Mons mit 25 km Höhe, der durch die Wolken ragt. Darunter sieht man eine dunklere Region, das Valles Marineris. Es ist ein Grabenbruch, der sich über 5000 Kilometer weit über den Planeten erstreckt. An manchen Stellen ist das Tal bis zu 500 Kilometer breit. Es wird angenommen, daß dieser Grabenbruch mit der mysteriösen Umwälzung, welche die Tharsis-Aufwölbung 10 Kilometer über die umgebende Kruste angehoben hat, in Verbindung steht.

Die Aufnahme wurde am 25. Februar 1995 mit der hochauflösenden Planetenkamera des WF/PC2 gewonnen.

BILDTAFEL 8

JUPITER

Jupiter ist der fünfte und größte Planet unseres Systems. Seine Masse ist über 300mal größer als die der Erde – so riesig, daß über 1300 Erdkugeln in ihm Platz finden würden. Die Masse ist zweimal so groß als die aller anderen Planeten zusammen. Es ist also kein Wunder, daß er nach dem Göttervater benannt wurde. Jupiter umrundet die Sonne in einem Abstand von 5,2 astronomischen Einheiten und benötigt 11,9 Jahre für einen Umlauf. Überraschenderweise – obwohl Jupiter so groß ist – dauert ein Tag auf dem Jupiter nur 9 Stunden und 50 Minuten; dies ist der kürzeste Tag auf einem Planeten im Sonnensystem.

Wenn man die Größe Jupiters in Betracht zieht, ist seine Masse sehr gering. Die Dichte von Jupiter entspricht nur dem 1,3fachen des Wassers (die Dichte der Erde z. B. liegt über dem 5fachen des Wassers). Der Grund für seine geringe Dichte ist die Zusammensetzung aus Gasen. Zusammen mit Saturn, Uranus und Neptun ist er einer der „Gasriesen". Wie die Sonne besteht Jupiter aus den leichten Elementen Wasserstoff und Helium.

Jupiters „Oberfläche" zeigt hellere und dunklere Wolkenbänder in verschiedenen Farben, die parallel zum Äquator verlaufen. Diese werden „Zonen" und „Gürtel" genannt. Beobachtungen im infraroten Licht zeigen, daß sich die Zonen höher in der Atmosphäre befinden. In den Zonen steigt Gas aus dem Inneren des Planeten auf, während in den Gürteln das Gas absinkt. Dieser sog. Konvektionseffekt bringt Wärme aus dem Inneren an die Oberfläche und strahlt sie in den Weltraum ab; die Strukturen der Wolkenbänder sind das Ergebnis der schnellen Jupiterrotation. Die verschiedenen Farben in den Wolkenbändern entstehen durch unterschiedlich temperierte Elemente und Moleküle.

Die extreme Rotation bringt gewaltige Stürme in der oberen Atmosphäre hervor. Der wohl berühmteste ist der „Große Rote Fleck" (GRF), der sich südlich des Jupiteräquators befindet. Der GRF wurde 1831 das erstemal beobachtet und ist seit dieser Zeit beständig. Mit einer Größe von 12 000 mal 36 000 km würden drei Erdkugeln nebeneinander in ihm Platz finden. Beobachtungen zeigen, daß er deutlich kälter ist und sich 8 km über den ihn umgebenden Wolken befindet.

Dieses Bild wurde von der WF/PC2 am 13. Februar 1995 aufgenommen. Zu diesem Zeitpunkt war Jupiter 961 Millionen km von der Erde entfernt. Das Bild zeigt den GRF auf der rechten Seite mit drei weißen Stürmen, die sich im Südwesten befinden. Diese Stürme wurden bereits bei ihrer Entstehung vor 50 Jahren beobachtet. Die weiße Farbe der Wolken beruht auf Ammoniak, welches durch die Stürme aus dem Inneren des Planeten hoch in die Atmosphäre transportiert wird. Wenn Ammoniak höher steigt, kühlt es sehr schnell ab und gefriert; dabei bilden sich weiße Eiskristalle.

DIE GALILEISCHEN MONDE

Die vier größten Monde des Jupiters wurden nach Galileo Galilei benannt, der sie im Januar 1610 entdeckte (sie wurden aber auch zur selben Zeit unabhängig von Simon Marius beobachtet); ihre Eigennamen bekamen sie aus der römischen Mythologie. Alle vier Monde können schon mit einem kleinen Teleskop oder einem Feldstecher beobachtet werden, wobei bei dem innersten Mond schon nach wenigen Stunden eine Eigenbewegung wahrgenommen werden kann.

Der Innerste der vier Monde heißt Io. Er umrundet Jupiter in nur 1,77 Tagen. Etwas größer als unser Mond, wird Io, 442 000 km von Jupiter entfernt, durch dessen gewaltige Gezeitenkräfte gezogen und gepreßt und dadurch vollständig in seinem Inneren aufgeheizt. Io ist dadurch der einzige der nichtirdischen Himmelskörper, der aktiven Vulkanismus aufweist, und die so austretenden Gase bescheren Io eine dünne Atmosphäre.

Der nächste Mond ist Europa, der kleinste der vier Galileischen Monde. Er besitzt dennoch fast zwei Drittel der Masse unseres Mondes. Europas Oberfläche besteht hauptsächlich aus gefrorenem Wassereis, das kreuz und quer mit Rillen und Furchen durchzogen ist. Europa ist sichtbar frei von Einschlagkratern. Dies gibt uns Auskunft darüber, daß die Oberfläche noch sehr jung sein und auch nach dem großen Bombardement durch Asteroiden noch aktiv gewesen sein muß. Das HST hat eine dünne Atmosphäre aus Sauerstoff um Europa gefunden.

Ganymed ist der dritte Galileische Mond und auch der größte in unserem Sonnensystem (er ist mehr als zweimal so schwer wie unser Mond), er könnte eigentlich auch als Planet bezeichnet werden. Er umkreist Jupiter alle 7,2 Tage in einer Entfernung von über 1 Million km. Seine Oberfläche besteht aus Kratern und ebenen Flächen. Ebenso finden sich lange Gräben und Furchen, die wahrscheinlich das Resultat der immensen Gezeitenkräfte sind, die Jupiter beständig auf diesen Mond ausübt. Das HST war im Stande, Ozon (ein Molekül, das aus drei Sauerstoffatomen besteht) auf der Oberfläche Ganymeds nachzuweisen.

Callisto ist der äußerste der Galileischen Monde, knapp eineinhalbmal größer als unser Mond, dem er durch seine Krater und seine hellen und dunklen Flächen ziemlich ähnlich sieht. Die Oberfläche besteht wahrscheinlich aus einer Mischung von Felsen und Eis, und in ultraviolettem Licht konnte das HST „frisches Eis" auf Callisto ausfindig machen. Dieses Eis entsteht, wenn winzige Meteorite oder energiereiche Partikel von Jupiter mit dem Mond zusammenstoßen und einen kleinen Teil des „dreckigen" Eises zum Schmelzen bringen, welches aber sofort wieder gefriert.

DIE GALILEISCHEN MONDE

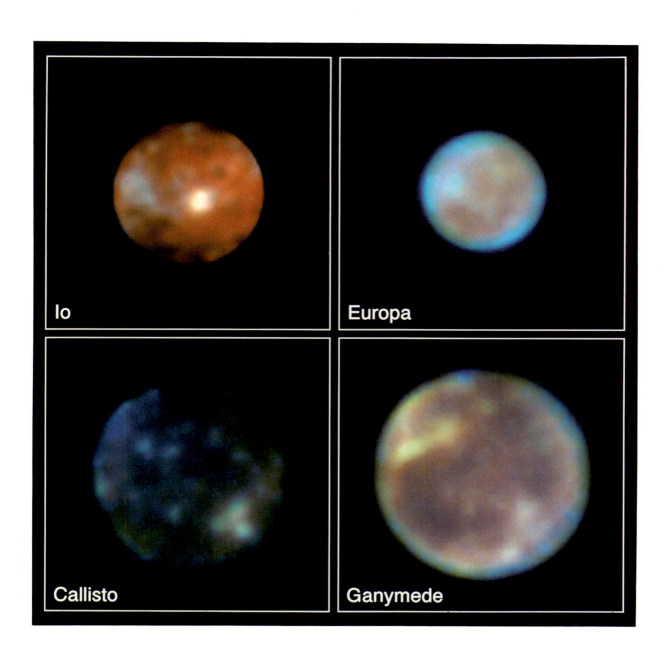

SATURN

Saturn ist der zweitgrößte Planet im Sonnensystem, benannt nach dem römischen Gott der Aussaat. Er benötigt für eine Sonnenumkreisung 29,5 Erdenjahre und befindet sich in einer Entfernung von 9,5 astronomischen Einheiten. Saturns Ringe sind wohl das bekannteste an diesem Planeten, sie wurden schon 1610 von Galileo entdeckt und bestehen aus kleinen, dreckigen Eisbrocken (meist nur wenige Zentimeter groß). Saturn ist einer der sogenannten Gasriesen und besteht hauptsächlich aus Wasserstoff und Helium.

Auf allen Planeten, die ein Magnetfeld besitzen, gibt es die Erscheinung der Polarlichter wie auf der Erde. Geladene Teilchen aus dem hochenergetischen Sonnenwind, wie z. B. Protonen und Elektronen, werden an den magnetischen Polen der Planeten nach unten gezogen und stoßen dann mit Gasmolekülen in der Atmosphäre zusammen. Dabei wird Licht freigesetzt, und es bildet sich ein sehenswerter „leuchtender Vorhang". Auf der Erde sind diese Erscheinungen von mittleren Breiten aus sichtbar: die Aurora borealis um den Nord- und die Aurora australis um den Südpol. In der Saturnatmosphäre leuchten die meisten Gase (überwiegend Wasserstoff) nur im ultravioletten Bereich des Spektrums. Dieser Bereich ist für erdgebundene Instrumente nicht sichtbar, denn der größte Teil der ultravioletten Strahlung kann die Erdatmosphäre nicht durchdringen. Das HST besitzt die Fähigkeit, Bilder in ultraviolettem Licht von Saturns Polarlichtern aufzunehmen.

Das beste Bild, das in ultraviolettem Licht aufgenommen wurde, zeigt ein Polarlicht über Saturns Nordpol. Der „Aurora-Vorhang" leuchtet in einer Höhe von 2 000 km über den Wolken des Saturns. Obwohl der Südpol des Saturns in dieser Ansicht verdeckt ist, ist der südliche Bereich der Polarlichter knapp am Rand der Planetenscheibe zu sehen. Die Erscheinungen der Aurorae variieren sehr stark, je nach Beobachtungszeit. Die hellsten Erscheinungen treten immer dann auf, wenn der Abstand Saturns zur Sonne am geringsten ist.

Das untere Bild zeigt Saturn im sichtbaren Licht, wobei der Unterschied eindeutig ist. Ultraviolettes Sonnenlicht wird in höheren Regionen der Saturnatmosphäre reflektiert als das sichtbare Licht. Die Bereiche, die das ultraviolette Licht reflektieren, enthalten keine Wolkenbänder oder Wolkenstrukturen, wie sie in den unteren Regionen der Atmosphäre vorkommen. So erscheint uns der Saturn in den höheren UV-Bereichen strukturlos. Im sichtbaren Licht konnte das HST eine Aufnahme eines großen weißen Sturmsystems in der Nähe des Äquators machen, das sich im Zustand der höchsten Aktivität befand.

SATURN

BILDTAFEL 11

TITAN

Titan ist der zweitgrößte Mond im Sonnensystem. Im Jahr 1655 entdeckt, umkreist er Saturn alle 16 Tage einmal. Mit einem Durchmesser von 5 150 km ist Titan größer als Merkur. Er besitzt eine ausgeprägte Atmosphäre, die überwiegend aus Stickstoff (99 Prozent) besteht. Der Rest setzt sich aus Methan und anderen Kohlenstoffverbindungen zusammen. Der Luftdruck Titans ist 1,5mal höher als der auf der Erde und die Oberflächentemperatur liegt bei -180 Grad Celsius. Die Atmosphäre hüllt den Mond in einen strukturlosen, orangefarbenen Dunstschleier ein, den man mit den giftigen Abgasen der Autos und Fabriken auf der Erde vergleichen kann.

Titan ist der einzige Himmelskörper im Sonnensystem, auf dem es Ozeane und Regen geben könnte. Berücksichtigt man die sehr geringe Temperatur auf diesem Mond, kommt man zu dem Resultat, daß die Meere eher aus einen Gemisch aus Methan und Ethan bestehen als aus Wasser. Auf Titan herrschen möglicherweise dieselben Bedingungen wie auf der Erde, bevor das Leben entstand.

Dieses Infrarotbild wurde im Oktober 1994 von der WF/PC gewonnen. Das HST war im infraroten Bereich des Spektrums zum erstenmal in der Lage, die Atmosphäre zu durchdringen, und konnte so die Oberfläche fotografieren. Das Ergebnis ist gut genug, um Details bis zu einer Größe von 570 km zu erkennen. Der große Fleck auf der linken Seite des Bildes besitzt ungefähr dieselben Ausmaße wie Australien und könnte ein Ozean oder ein Kontinent sein. Das HST fand ebenso heraus, daß Titan den Gezeitenkräften Saturns vollständig unterworfen ist; so dreht er dem Riesenplaneten immer dieselbe Seite zu. Das Bild zeigt die Halbkugel des Titan, die in Flugrichtung immer nach vorne zeigt. Diese ist die hellste (am besten reflektierende) Seite des Mondes.

Aus den HST-Bildern werden wichtige Daten gewonnen, die bei der Planung der *Cassini*-Sonde von Nutzen sein werden. Diese Raumsonde wird Anfang des nächsten Jahrhunderts die Landeeinheit „Huygens" auf der Oberfläche Titans absetzen.

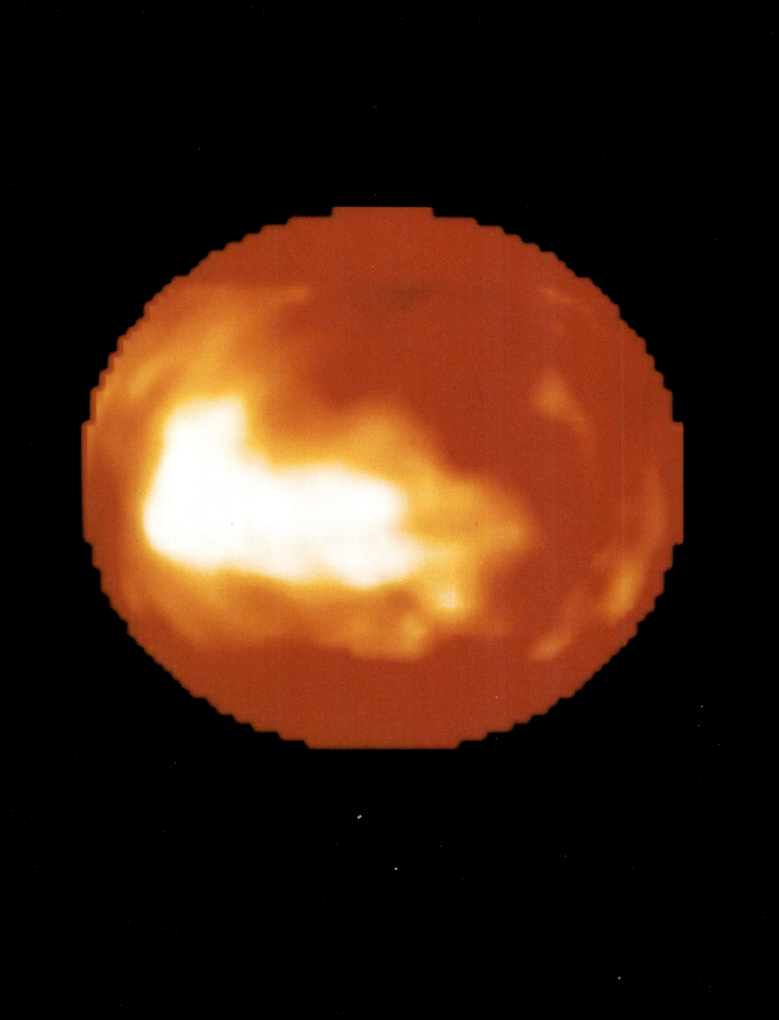

BILDTAFEL 12

PLUTO UND CHARON

Der Planet mit der größten Entfernung im Sonnensystem ist Pluto, der auch einen Mond – „Charon" – besitzt. Pluto wurde 1930 von Clyde W. Tombaugh entdeckt und, aufgrund des riesigen Abstandes zur Sonne, nach dem Gott der Unterwelt benannt. Plutos extrem ellipsenförmige Umlaufbahn führt ihn in Entfernungen zwischen 30 und 49 astronomischen Einheiten von der Sonne. Während der längsten Zeit auf seiner 249 Jahre währenden Sonnenumkreisung ist er der entfernteste Planet (einmal befindet er sich innerhalb der Neptunbahn). Die Entdeckung, daß Charon ein eigenständiges Objekt ist, wurde 1978 von James Christy gemacht. Als die Identität Charons geklärt war, konnte eine ungefähre Kalkulation über das Gewicht der beiden gemacht werden: Bei Pluto fand man heraus, daß er 500mal leichter als die Erde ist, und Charon ist wiederum 10mal leichter als Pluto. Die beiden sind nur 19 640 km voneinander entfernt und drehen sich in 6,4 Tagen einmal um einen gemeinsamen Schwerpunkt, wobei sie sich immer dieselbe Seite zeigen. Wenn man die enormen Entfernungen betrachtet, erscheint es fast unglaublich, daß es mit erdgebundenen Teleskopen möglich war, die beiden Himmelskörper voneinander zu trennen.

Am 21. Februar 1995, als Pluto nur 4,4 Milliarden km (30 astronomische Einheiten; das ist der geringstmögliche Abstand) von der Erde entfernt war, wurde dieses Bild mit der Faint Object Camera des HST gewonnen. Das Bild ist in Falschfarben wiedergegeben, um auch kleinste Details sichtbar zu machen. Es ist die erste Aufnahme, die Pluto und Charon eindeutig voneinander trennt und gleichzeitig Planetenscheiben erkennen läßt (auf dem Bild von Christy sieht Charon wie ein mit Pluto verschmolzener Klumpen aus). Aufgrund dieses Bildes konnten auch das erstemal Angaben über die Größen der beiden Planeten gemacht werden: So hat Pluto einen Durchmesser von 2 320 km und Charon von 1 270 km. Die Aufnahme gibt auch ein wenig Auskunft über Oberflächendetails, wie z. B. den hellen Fleck am Äquator, der durch die Reflexion des Sonnenlichts entsteht. Pluto leuchtet für seine Größe sehr hell, und möglicherweise besitzt er eine sehr stark reflektierende eisige Oberfläche aus Methaneis. Charon erscheint rötlicher als Pluto, was Aufschluß darüber gibt, daß er eine andere Oberflächenstruktur besitzt.

KOMET HALE-BOPP

Der Komet Hale-Bopp wurde am 23. Juli 1995 von zwei Amateurastronomen, Alan Hale und Thomas Bopp, das erste Mal gesehen. Zu dieser Zeit befand sich der Komet noch außerhalb der Jupiterbahn. Die Entdeckung überraschte alle, Astronomen genauso wie Laien. Mittlerweile ist er so hell, daß er zur spektakulärsten Erscheinung der Neuzeit werden könnte, wenn er sich in Sonnennähe befindet.

Die meiste Zeit über sind Kometen vollständig gefroren, aber wenn sie sich der Sonne nähern, erhitzen sie sich, und gefrorenes Gas fängt an auszudampfen. Ab diesem Zeitpunkt können sie von der Erde aus gesehen werden. Wenn der Kometenkern von der Sonne aufgeheizt ist, spuckt er einen Materiestrom aus, der dann den Kometenschweif bildet. Dieser Schweif wird durch den Sonnenwind in die Länge gezogen und zeigt immer von der Sonne weg (der Sonnenwind ist ein hochenergetischer Strom aus Partikeln, die von der Sonne abgestrahlt werden). Jedesmal, wenn ein Komet die Sonne umrundet, verliert er Material und wird kleiner.

Dieses Bild wurde mit der WF/PC2 gemacht, während er sich noch außerhalb der Jupiterbahn befand (ca. 1 Milliarde Kilometer entfernt). Auf dem unteren Bild sind im Hintergrund Sterne sichtbar, die in die Länge gezogen sind, denn das HST mußte die Eigenbewegung von Hale-Bopp während der Belichtungszeit ausgleichen. Das obere Bild des Kometen wurde im Computer überarbeitet. Die Sterne wurden gelöscht und das Bild so stark vergrößert, daß einzelne Bildpunkte des CCD der WF/PC2 sichtbar geworden sind. Trotz der Entfernung war das HST imstande, Details, die weniger als 500 km messen, aufzulösen.

Das vergrößerte Bild zeigt einen Klumpen, der von dem Kometen mit einer Geschwindigkeit von etwas mehr als 100 Stundenkilometern ausgestoßen wurde. Der Klumpen dreht sich zusammen mit dem Kern, und es entsteht dabei eine Spiralstruktur. Wahrscheinlich besteht der Komet aus Eis, das sehr schnell und leicht verdampft. Dies würde auch seine Helligkeit bei dieser Sonnenentfernung erklären. In diesem Fall könnte Hale-Bopp leider auch restlos zerfallen oder vollständig ausgedampft sein, bevor er der Erde so nahe kommt, daß er mit bloßem Auge gesehen werden könnte.

KOMET HALE-BOPP

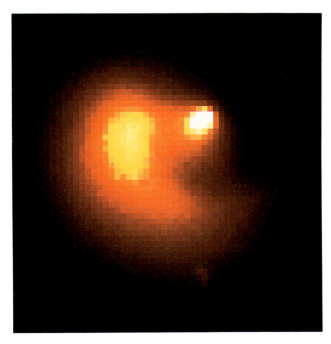

KOMET P/SHOEMAKER-LEVY 9

Der Komet P/Shoemaker-Levy 9 wurde im März 1993 von dem Beobachtungsteam Carolyn und Gene Shoemaker und David Levy als neunter Komet entdeckt. Er wäre wahrscheinlich gar nicht aufgefallen, wenn er nicht dem Planeten Jupiter zu nahe gekommen wäre. Doch Jupiters ungeheure Anziehungskräfte zogen ihn an, und die gewaltigen Gezeitenkräfte waren die Ursache dafür, daß der Komet in einzelne Stücke zerrissen wurde. Diese Aufnahme der WF/PC2 wurden im roten Licht gemacht und zeigt 21 Bruchstücke, die sich bereits über eine Strecke von 1,1 Millionen Kilometer verteilt haben. Das entspricht dem 3fachen Abstand zwischen Erde und Mond. Das größte Bruchstück wurde auf 2 bis 4 Kilometer Durchmesser geschätzt.

Der Zerfall geschah 8 Monate bevor der Komet entdeckt wurde. Als die Bahn des Kometen berechnet wurde, stellte man fest, daß er im Juli 1994 auf den Planeten Jupiter stürzen würde (siehe Bildtafel 15). Die Begegnung mit Jupiter hatte den Kometen nicht nur zerrissen, sondern auch auf eine Umlaufbahn um den Riesenplaneten gezwungen. Der Komet hatte Jupiter bereits jahrelang umkreist, bevor er mit ihm zusammenstieß.

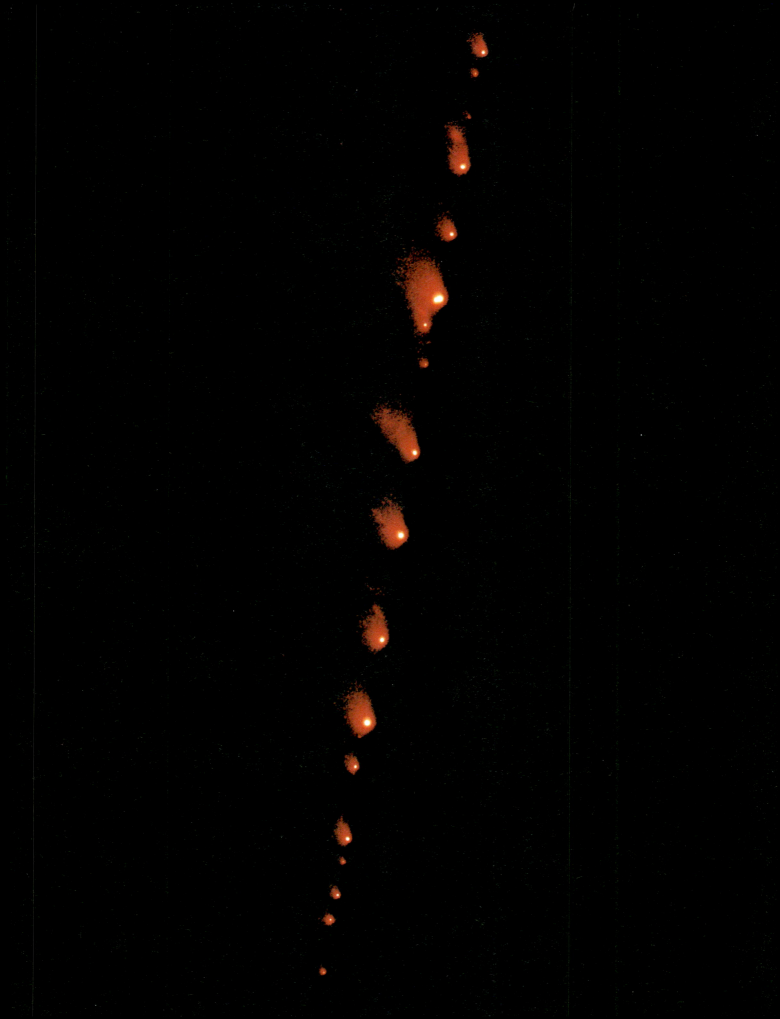

Bildtafel 15

EINSCHLAGSTELLE DES FRAGMENTES G DES KOMETEN P/SHOEMAKER-LEVY 9 AUF JUPITER

Am 18. Juli 1994 trat das Fragment G des Kometen P/Shoemaker-Levy 9 in die Jupiteratmosphäre ein und begann zu verglühen. Das Fragment G war das hellste der insgesamt 21 Bruchstücke des Kometen (siehe Bildtafel 14) und somit wahrscheinlich auch das größte. Die Ursache für die dunkle Spur mit der Größe einer Erdkugel, die das Fragment G hinterließ, war eine Explosion mit der Wucht von 10 Millionen Megatonnen TNT. In Laufe der fünf Tage, in denen die Bruchstücke niedergingen, wurde der Planet der gewaltigen Energie von 100 Millionen Megatonnen TNT ausgesetzt (dies entspricht mehr als dem Zehntausendfachen an Sprengkraft aller Atomwaffen der Erde, die während des Kalten Krieges einsatzbereit waren).

Unglücklicherweise befand sich die Absturzstelle in einer Region Jupiters, die außerhalb des Blickwinkels der Erde lag. Man mußte vier Minuten warten, bis Jupiter durch seine Rotation die Einschlaggebiete auf die für uns sichtbare Seite brachte. Dieses Bild wurde 1 3/4 Stunden nach dem Einschlag aufgenommen. In dieser Zeit konnte sich die Schockwelle über eine große Fläche ausdehnen. Der riesige Fleck ist die Einschlagstelle des G-Fragmentes und der schwache darüber der Rest des Einschlages des D-Bruchstückes, das 7 Stunden zuvor abstürzte.

Die schwarzen Wolken sind das Resultat der Explosion des Fragments G. Das dunkle Material besteht aus feinem Staub, der bei der Explosion freigesetzt wurde und sich in der Atmosphäre Jupiters verteilte. Der zweite Ring, unterhalb der runden Fläche, bildete sich, als das Fragment G mit einem Winkel von 45 Grad in die Atmosphäre eintrat und hochgeschleudertes Material in die Atmosphäre zurückfiel. Die Schockwelle, die bei der Explosion freigesetzt wurde, dehnte sich mit einer Geschwindigkeit von 1 800 Stundenkilometern aus.

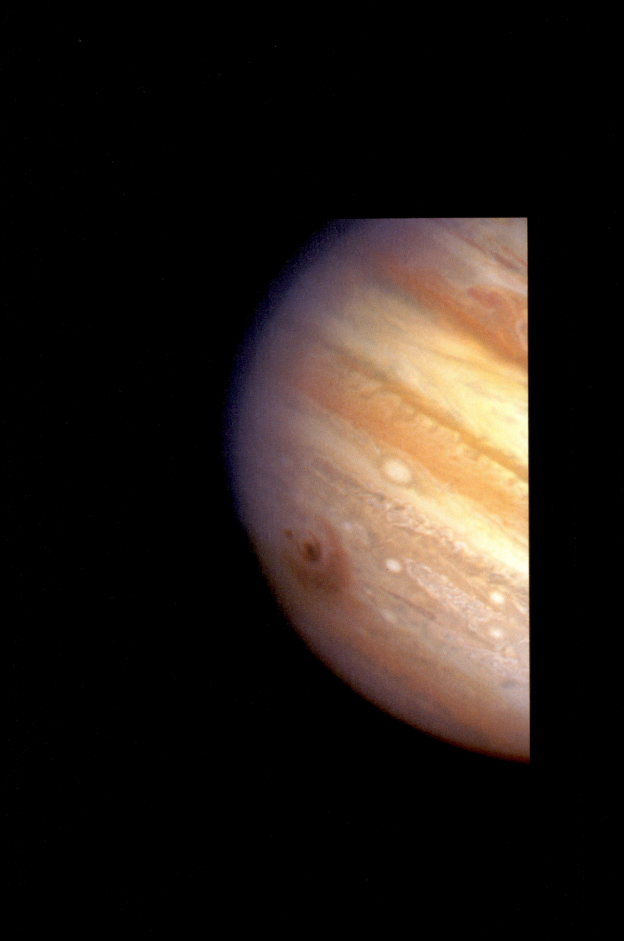

ORION-NEBEL

Der Orion-Nebel befindet sich im Sternbild Orion, dem Jäger. Orion ist eines der bekanntesten Sternbilder unseres Himmels. Der neblige Fleck unter den drei Gürtelsternen ist der Orion-Nebel. Mit über 1 500 Lichtjahren Entfernung ist er eines der uns am nächsten gelegenen und spektakulärsten Sternentstehungsgebiete. Das Bild enthält über 700 Sterne, die sich im Frühstadium ihres Lebens befinden.

Gasnebel enthalten oft ausreichend Materie, um Millionen von Sternen von der Größe unserer Sonne hervorzubringen, aber nicht alles Gas wird bei der Sternentstehung verbraucht. Die erste Region in der Gaswolke, in der Sterne entstehen, ist ein bißchen konzentrierter als die umgebenden Gebiete. Diese dichteren Regionen ziehen aufgrund ihrer höheren Anziehungskraft aus der Umgebung Gas ab. Die Temperatur und der Druck im Zentrum dieser „Protosterne" steigen ständig an. Wenn nun die Temperatur 10 Millionen Grad oder mehr erreicht, setzt die Kernfusion ein. Bei niedrigeren Temperaturen stoßen sich die Wasserstoffatome ab; erst ab dieser Temperatur können einige verschmelzen und dabei Energie abgeben. Die freiwerdende Energie wird in Einsteins berühmter Gleichung $E = mc^2$ beschrieben: Wenn Atome verschmelzen, verlieren sie an Masse, und diese wird in Energie umgewandelt. Im Zentrum von jungen Sternen verbinden sich vier Wasserstoffatome zu einem Heliumatom. Die Energie, die dabei freigesetzt wird, wird von dem Stern als Licht abgestrahlt und bringt ihn dadurch zum Leuchten. Jeder „Protostern", der mindestens ein Zehntel der Masse der Sonne erreicht, könnte heiß genug werden, um die Kernfusion in Gang zu setzen.

Einige Nebel haben überhaupt keine Sterne in ihrem Inneren, andere aber, wie der Orion-Nebel, sind voll mit jungen Sternen. Die Sterne entstanden vor 300 000 Jahren, ein wirklich kurzer Zeitraum in astronomischen Maßstäben. Wenn Sterne zu leuchten beginnen, geben sie eine Menge Licht in den Weltraum ab. Ein kleiner Teil dieses Lichtes heizt die Gasatome in dem umgebenden Nebel auf und wird absorbiert, um dann mit längeren Wellenlängen wieder abgestrahlt zu werden. Aus dem Spektrum des wieder abgestrahlten Lichtes können wir dann erkennen, welche Arten von Atomen es aussenden.

Dieses Bild besteht aus 45 Einzelaufnahmen, die in einem Zeitraum von 15 Monaten mit der WF/PC2 mit drei verschiedenen Filtern im sichtbaren Licht gemacht wurden. Die Farbe des Gases gibt Auskunft, welche Atome sich im jeweiligen Gebiet befinden: Wasserstoff leuchtet grün, Sauerstoff blau und Stickstoff rot. Sehr große und heiße Sterne geben so viel Licht ab, daß das Gas in ihrer Umgebung weggeblasen wird. Dies geschieht auch im Orion-Nebel. Glücklicherweise sind wir in der Lage, in das Herz des Nebels zu blicken. Im Kernbereich befinden sich vier Sterne, das Trapez genannt, die das Gas weggeblasen haben. Diese Sterne sind die vier massereichsten im Nebel und haben sich aus großen Gaskonzentrationen im Zentrum des Nebels gebildet.

ADLER-NEBEL (M16)

Der Adler-Nebel ist ein anderer sternbildender Nebel, ähnlich wie der Orion-Nebel. Mit 7000 Lichtjahren ist er im Sternbild der Schlange jedoch wesentlich weiter von uns entfernt. Seine weitere Bezeichnung, M16, stammt aus dem Katalog, den Charles Messier 1781 anlegte. Messier stellte eine Liste von Objekten am Himmel zusammen, die – anders als die Sterne – verwaschen und ausgedehnt erschienen. Objekte mit einer M-Nummer (es können Nebel, Sternhaufen und Galaxien sein) sind bereits mit kleinen Teleskopen oder Feldstechern und manchmal auch mit dem bloßen Auge zu sehen.

Diese Bilder, aufgenommen mit der WF/PC2 am 1. April 1995, zeigen große Säulen aus kühlem, dichtem Gas mit einer Höhe von etwa einem Lichtjahr. Diese Säulen sind so dicht, daß das Licht der in ihnen befindlichen Sterne sie nicht durchdringen kann. Die Säulen bestehen zum größten Teil aus molekularem Wasserstoff (zwei Wasserstoffatome, die sich zu einem Molekül verbinden). Diese Verbindung ist normalerweise zu instabil, um außerhalb von Nebeln existieren zu können. Energiereiches Licht (wie Ultraviolettstrahlung) kann die Moleküle sehr leicht aufbrechen. Die Säulen beinhalten außerdem eine große Menge von mikroskopisch kleinen Partikeln, meistens Kohlenstoff, der als „Staub" die schützende Umgebung eines Nebels bilden kann.

Die Säulen haben die seltsame Form, da einige sehr junge, massereiche Sterne über dem Ende der Säulen stehen, die das Gas und den Staub wegblasen (ähnlich wie die Trapezsterne im Orion-Nebel). Ihr Licht zerbricht die Wasserstoffmoleküle und heizt das Gas in der Wolke auf. Wenn das Gas heißer wird, beginnt es sich schneller zu bewegen und verläßt schließlich den Nebel. Die weniger dichten Teile des Nebels werden zuerst von der Strahlung beseitigt, und zurück bleiben die Säulen.

Auch in diesem Bild kennzeichnen die Farben die Atome, die Licht aussenden. Rot ist Schwefel, Grün Wasserstoff und Blau Sauerstoff.

ADLER-NEBEL (M16)

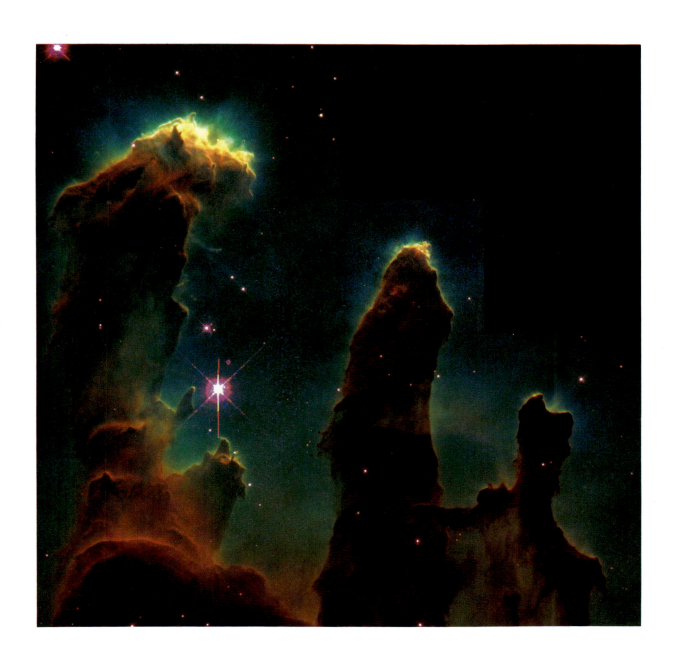

BILDTAFEL 18

ADLER-NEBEL (AUSSCHNITT)

Dieses Bild zeigt eine Detailaufnahme der größten Säule in Bild 17. Die hochaufgelöste Aufnahme zeigt kleine, an Elefantenrüssel erinnernde Gasblasen, die ungefähr den Durchmesser unseres Sonnensystems haben. Sie blieben an den Spitzen der Säulen übrig, nachdem der Sonnenwind der massereicheren Sterne den größten Teil der Gasmassen weggeblasen hatte. Diese Blasen wurden EGGs (für **e**vaporating **g**aseous **g**lobules – verdampfende Gasglobulen) getauft.

Diese EGGs werden als Geburtsorte von Sternen im Nebel angesehen. Sie sind kleine, dichte Konzentrationen von Gas, das in seinem Inneren Sterne erzeugt. Sie sind viel dichter als das umgebende Gas, so daß die Sterne, die den Rest des Nebels abtragen, sie noch nicht beseitigen konnten. Es wird daher angenommen, daß einige, wenn nicht sogar viele dieser EGGs Sterne in sich verbergen und diese erst nach und nach sichtbar werden, wenn die EGGs verdampfen. Manche dieser Sterne haben vielleicht noch nicht einmal das Stadium der Kernfusion erreicht, während andere möglicherweise schon die Anfänge eines Planetensystems aufweisen.

ADLER-NEBEL (AUSSCHNITT)

BILDTAFEL 19

TARANTEL-NEBEL MIT STERNHAUFEN R136

Dieses Bild zeigt den Tarantel-Nebel (auch unter der Bezeichnung 30 Doradus bekannt) und im Inneren den Sternhaufen R136. Beide befinden sich in der Großen Magellanschen Wolke (LMC). Die LMC ist eine kleine Begleitgalaxie der Milchstraße und kann nur von der Südhalbkugel aus gesehen werden. Die LMC hat eine sehr unregelmäßige Form, da die Milchstraße sie langsam auseinanderzieht. Eventuell wird sie in ferner Zukunft einmal in unsere Galaxie eintreten. Die LMC wurde wie ihre Nachbargalaxie, die Kleine Magellansche Wolke (SMC), nach dem Entdecker Ferdinand Magellan, der als erster Europäer im Jahr 1519 die Wolken beschrieb, benannt. In intergalaktischen Maßstäben liegt die LMC mit einer Entfernung von 160 000 Lichtjahren sehr nahe bei uns.

Die Bilder der LMC waren unter den ersten, die von der WF/PC2 nach der Reparaturmission aufgenommen wurden, und zeigen Details bis zu einer Größe von 25 Lichttagen (etwa 650 Milliarden Kilometer).

Der Tarantel-Nebel ist eine H-II-Region. H-II-Regionen sind Wolken aus ionisiertem Wasserstoff. Normalerweise bestehen Wasserstoffatome aus einem Proton und einem Elektron in einer Schale um das Proton. Wenn Wasserstoff ionisiert wird, reißt ultraviolettes Licht das Elektron aus seiner Schale. Kurze Zeit später wird ein Elektron eingefangen und die verwaiste Schale damit wieder besetzt. Bei diesem Vorgang entsteht Licht, das wir sehen können. Der Sternhaufen im Inneren des Nebels strahlt so intensiv im ultravioletten Licht, daß fast alle Wasserstoffatome in der Wolke ionisiert sind. Deswegen erscheint der Nebel sehr hell.

TARANTEL-NEBEL
MIT STERNHAUFEN R136

BILDTAFEL 20

TARANTEL-NEBEL (AUSSCHNITT)

Der Tarantel-Nebel ist wegen der Sterne, die die Entstehung dieser H-II-Region verursachten, von besonderem Interesse. In den meisten sternbildenden Regionen (wie dem Orion-Nebel oder dem Adler-Nebel) verwandeln sich nur einige Prozent des interstellaren Gases in Sterne, und die meisten dieser Sterne sind nur klein, etwa von der Größe der Sonne oder kleiner. In diesem Nebel jedoch verdichtete sich eine wesentlich größere Menge Gas zu Sternen, und viele der Sterne sind sehr massereich und mehrere Male so groß wie unsere Sonne. Je größer ein Stern ist, desto heißer ist er auch; diese Sterne sind dadurch in der Lage, einen großen Teil des Tarantel-Nebels durch das abgestrahlte ultraviolette Licht zu ionisieren.

Der Sternhaufen im Inneren wird als R136 bezeichnet. In astronomischer Sicht ist er sehr jung, erst einige Millionen Jahre alt. Dadurch konnte sich noch keiner der Sterne in Richtung der älteren Stadien weiterentwickeln. Der Haufen beinhaltet noch viele Riesensterne, von denen jeder millionenmal mehr Energie als die Sonne produziert.

Da in einem relativ kleinen Raum so viele Riesensterne sind, dachte man ursprünglich, daß R136 nur ein einziger supermassereicher Stern mit einer Größe von mehreren hundert Sonnen sei. Es war zwar möglich, R136 von der Erde aus in einzelne Sterne aufzulösen, aber jeder dieser Sterne wäre noch viel massereicher als jeder andere uns bekannte Stern gewesen. Erst mit der hohen Auflösung des HST konnte gezeigt werden, daß R136 in Wirklichkeit ein Haufen aus mindestens 3 000 einzelnen Sternen ist. Es ist nun auch möglich, einzelne Sterne zu betrachten und zu analysieren.

TARANTEL-NEBEL (AUSSCHNITT)

BILDTAFEL 21

STERNHAUFEN NGC 1850

NGC 1850 ist ein Sternhaufen in etwa 166 000 Lichtjahren Entfernung, und wie auch 30 Doradus befindet er sich in der Großen Magellanschen Wolke (LMC). Dieses Bild wurde mit der WF/PC2 aufgenommen und zeigt einen Ausschnitt der LMC mit 130 Lichtjahren Kantenlänge. Es wurde aus verschiedenen Aufnahmen zusammengesetzt, welche die gesamte optische Bandbreite des HST vom Infraroten bis zum Ultravioletten ausnützten. Das HST war in der Lage, etwa 10 000 einzelne Sterne in dieser Abbildung zu erfassen und über jeden einzelnen davon Informationen zu erhalten.

Es stellte sich heraus, daß die Sterne in diesem Haufen sich in drei Altersklassen einteilen lassen. Wie lange ein Stern lebt, hängt davon ab, wie massereich er ist. Große Sterne verbrauchen ihren nuklearen Brennstoff schneller als kleine. Das bedeutet, daß massereiche Sterne heißer und heller erscheinen, aber nicht so lange leben. Ein Stern mit der 10fachen Größe der Sonne steht nach nur 10 Millionen Jahren vor dem Ende, während ein Stern wie unsere Sonne mehr als 10 Milliarden Jahre leuchten kann. Je heißer ein Stern ist, desto bläulicher erscheint er uns. Aus der Helligkeit und der Leuchtfarbe läßt sich das Alter eines Sterns ermitteln. Wenn viele große Sterne noch leuchten, ist ein Haufen noch relativ jung.

Ungefähr 20 Prozent der abgebildeten Sterne sind junge, massereiche, weiße Sterne mit Oberflächentemperaturen von bis zu 25 000 Grad. Einige dieser Sterne sind so gigantisch, daß sie erst etwa 4 Millionen Jahre alt sein können. Weitere 60 Prozent gehören zu dem großen Haufen NGC 1850. Diese erscheinen gelblich und sind rund 50 Millionen Jahre alt. Die Sterne des Haufens stehen 200 Lichtjahre vor den sehr jungen Sternen. Die restlichen Sterne im Bild sind alte, rote Sterne aus dem Hintergrund der LMC.

Wie R136 (siehe Bildtafeln 19 und 20) ist NGC 1850 ein Haufen, dessen Sterne sich alle etwa zum gleichen Zeitpunkt in einer riesigen Gaswolke gebildet haben. In NGC 1850 wurden jedoch die Reste der Gaswolke weggeblasen. Die geschah zum einen durch den Strahlungsdruck des Lichtes und zum anderen durch die Explosionen von sehr massereichen Sternen, deren Schockwellen das Gas verdrängt haben. Es wird angenommen, daß das Gas dabei sehr hohe Geschwindigkeiten erreichte und bei der Kollision mit anderen Gaswolken 200 Lichtjahre entfernt die Sternentstehung durch Kompression anstieß. Das würde das Auftreten verschiedener Sternentwicklungsstadien in einem Bild erklären.

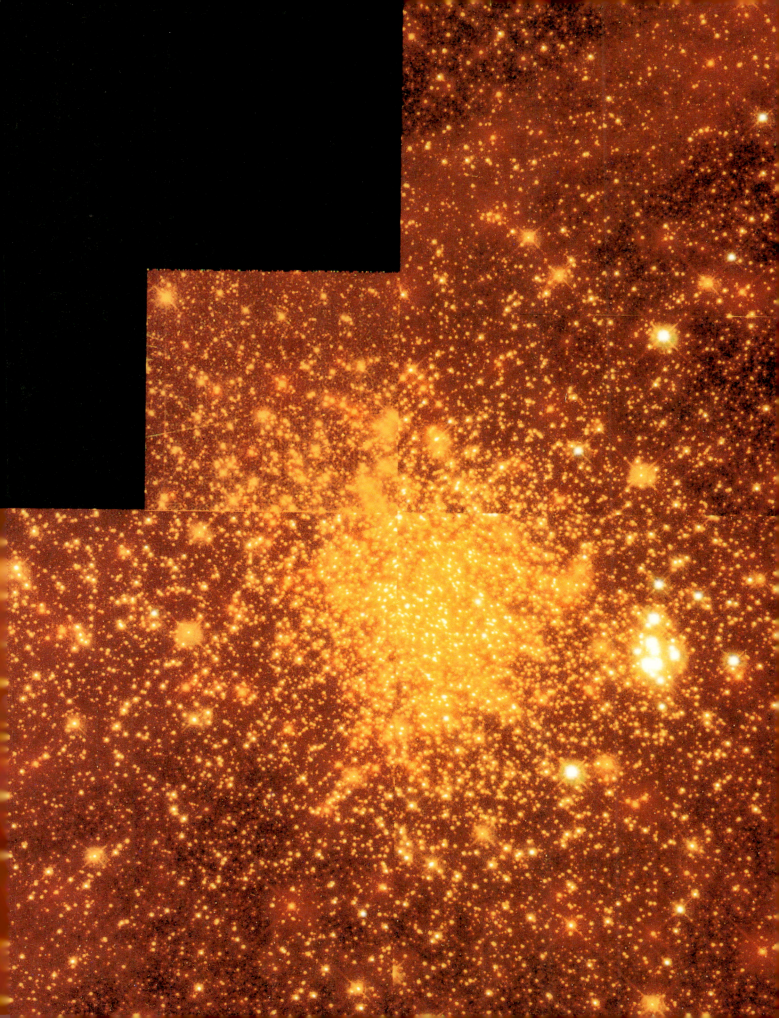

KUGELSTERNHAUFEN M15

M15 ist einer von etwa 150 großen Sternhaufen, die die Milchstraße umgeben. Aufgrund ihres Erscheinungsbildes werden sie als Kugelsternhaufen bezeichnet. M15 ist 32 000 Lichtjahre entfernt und umkreist das Zentrum der Milchstraße in 300 Millionen Jahren einmal bei einer Entfernung von 30 000 Lichtjahren. Er besteht aus mehreren Millionen Sternen, von denen sich die meisten innerhalb eines Radius von 40 Lichtjahren um das Zentrum des Haufens befinden. Die Masse des Haufens dürfte sich auf eine Million Sonnenmassen belaufen.

Das Alter von Kugelsternhaufen wird zwischen 10 und 20 Milliarden Jahren eingeschätzt, was sie zu den ältesten Objekten in der Milchstraße macht. Man vermutet, daß sie aus großen Gaswolken entstanden, die in die junge Milchstraße stürzten, ähnlich wie die Sterne von 30 Doradus (siehe Bildtafeln 18 und 19) und NGC 1850 (Bildtafel 21). Möglicherweise verdichtete sich dabei die Hälfte des Gases zu Sternen, im Gegensatz zu Gebieten wie dem Orion-Nebel, in dem nur einige Prozent diesen Prozeß durchlaufen. Diese Annahme stützt sich auf die hohe Sternendichte und die fehlende Deformierung durch die Gezeitenkräfte der Milchstraße.

Die Bildtafel der WF/PC2 aus dem Jahre 1995 zeigt einen Ausschnitt von 28 Lichtjahren. Im vergrößerten Ausschnitt sieht man den Kernbereich des Haufens, der nur 1,6 Lichtjahre mißt. Die Bilder des Kernbereichs sind aus Daten des sichtbaren und des ultravioletten Wellenbereiches zusammengesetzt, so daß die Farben der Sterne mit ihrer Oberflächentemperatur korrespondieren. Das blaue Ende des Spektrums markiert dabei die heißeren Sterne.

M15 ist einer von etwa 20 Kugelsternhaufen, die eine seltsame Verteilung der Sterne aufweisen. Dabei ist die Sterndichte in der Kernregion höher, als die Astronomen erwartet hätten. Durch Messung der Geschwindigkeit, mit der sich die Sterne in der Nähe der Kernregion von M15 bewegen, versuchte das HST die Ursache dafür zu finden. Möglich wäre ein Schwarzes Loch im Inneren, oder der Kern kollabiert durch die Anziehungskräfte. Das HST fand jedoch keine Anzeichen für ein Schwarzes Loch, so daß von einem Kernkollaps ausgegangen werden muß. Dabei werden die Sterne durch die Anziehungskräfte in die Kernregion gezogen. Unter bestimmten Bedingungen kann das Zentrum so dicht werden, daß die Sterne Doppelsternsysteme bilden; da sie einander nicht mehr näher kommen können, wird der Kollaps schließlich zum Stillstand gebracht.

KUGELSTERNHAUFEN M15

BILDTAFEL 23

GASSTRAHLEN VON EINEM JUNGEN STERN

Junge Sterne erzeugen häufig Gasstrahlen, die an ihren Polen austreten. Diese Strahlen, Herbig-Haro 1 und 2, geben Hinweise auf die Vorgänge, die bei der Sternentstehung ablaufen. In dieser Abbildung sind nur die Gasstrahlen zu sehen, die sich jeweils ein halbes Lichtjahr in den Raum erstrecken; der Stern selbst ist hinter einer dichten Wolke von Gas und Staub verborgen, aus der er sich bildet. Sterne mit Gasstrahlen werden als Herbig-Haro-Objekte bezeichnet nach den Astronomen, die diese seltsamen Gebilde aus leuchtendem Gas ohne einen sichtbaren Stern als erste entdeckten. Dieser junge Stern befindet sich im Orion-Nebel, etwa 1 500 Lichtjahre entfernt, aber derartige Objekte können fast überall gefunden werden, wo Sterne entstehen.

Wenn Gas sich zu einem Stern verdichtet, rotiert es langsam. Wie ein Schlittschuhläufer seine Pirouette erst langsam beginnt und dann durch das Anziehen der Arme schneller wird, wird auch die Rotation des Gases schneller, wenn es sich dem Stern nähert. Dadurch erhält das Gas eine hohe kinetische Energie. Ab einer gewissen Dichte kollidiert das Gas mit anderen Gasmassen, verliert dabei etwas von seiner Energie und bildet eine Akkretionsscheibe. In dieser Scheibe setzt sich der Energieverlust durch Reibung fort; die umgesetzte Energie wird als Licht abgestrahlt. Während das Gas Energie und damit Geschwindigkeit verliert, stürzt es weiter einwärts und schließlich auf den Stern in der Mitte der Scheibe. Einiges (möglicherweise auch der größte Teil) der einfallenden Materie wird wieder aufgeheizt und entlang der Rotationsachse des Sternes wieder ausgeworfen. Oft geschehen diese Auswürfe sporadisch und verleihen den Strahlen das klumpige Aussehen einer Halskette. Warum diese Auswürfe auftreten und weshalb die Jets so dünn sind, ist unbekannt. Es kann sein, daß das Magnetfeld des Sterns etwas damit zu tun hat und die Jets den Feldlinien folgen, die an den Magnetpolen des Sternes austreten. Die Strahlen überdauern die ersten hunderttausend Jahre des Sternlebens, bevor der Stern die ihn umgebende Scheibe abstößt und der Materienachschub aufhört.

Die Strahlen strömen mit einer Geschwindigkeit von bis zu 1 Million Kilometern pro Stunde ins All. Irgendwann treffen sie auf kühleres, dichtes Gas im interstellaren Raum. Dieses Auftreffen bremst die Strahlen fast schlagartig ab, wodurch das Gas stark erhitzt wird. Wenn die erneut erhitzten Gasmassen sich wieder abkühlen, setzen sie die Energie als Licht frei, wobei die Farbe des Lichtes Aufschluß über die in ihnen vorhandenen Atome gibt. Am Ende der Strahlen zeichnet sich eine „Bugwelle" – wie bei einem schnell fahrenden Boot – ab.

Die Aufnahme entstand mit der WF/PC2 im Jahr 1995.

GASSTRAHLEN VON EINEM JUNGEN STERN

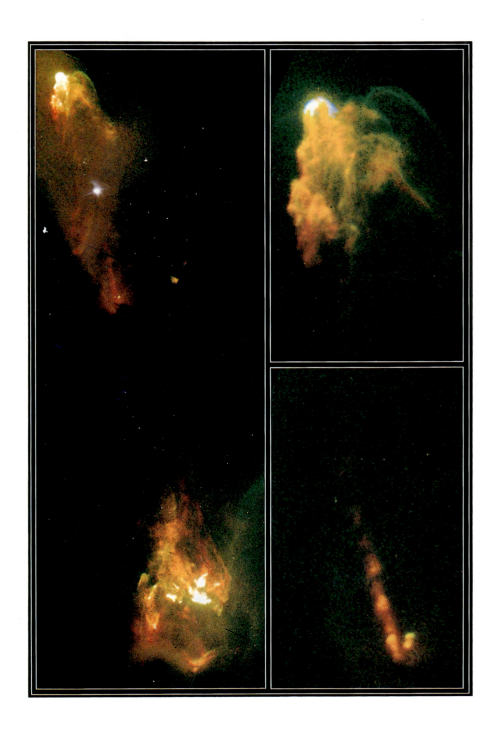

PROTOPLANETARISCHE SCHEIBEN IM ORION-NEBEL

Protoplanetarische Scheiben oder „Proplyds" können der Vorläufer für Planetensysteme wie unser eigenes Sonnensystem sein. Im Orion-Nebel wurden immerhin 153 derartige Scheiben gefunden. Dies legt den Schluß nahe, daß die Bildung von Planetensystemen kein außergewöhnlicher Vorgang im Universum ist. Die hier dargestellten Scheiben zeichnen sich scharf gegen einen sehr hellen Teil des Nebels ab. Der kühle, rot leuchtende Zentralstern der Scheiben ist deutlich erkennbar. Diese Zentralsterne weisen normalerweise etwa die Größe der Sonne auf. Die Größe der Scheiben schwankt zwischen dem Zwei- bis Siebenfachen des Durchmessers unseres Sonnensystems.

Es wird angenommen, daß die Planeten unseres Sonnensystems aus einer ähnlichen Scheibe, bestehend aus Gas und Staub, entstanden sind, die die Sonne kurz nach ihrer Entstehung umgeben hat. In dieser Scheibe bildeten sich kleine Klumpen, sogenannte Planetesimale, und wuchsen durch die Anlagerung weiterer Materie, die sie durch ihre Anziehungskraft einfingen. Einige dieser Planetesimale wuchsen zusammen und bildeten den Grundstock für die Planeten. Nach und nach bildeten sich planetengroße Objekte, als sich immer mehr Planetesimale verbanden. In den inneren Bereichen der Scheibe blies der Strahlungsdruck der jungen Sonne die leichteren Bestandteile der Scheibe, wie Wasserstoff oder Helium, weg, so daß hier Planeten hauptsächlich aus Kohlenstoff, Sauerstoff und Metallen – wie z. B. Eisen – entstanden. Diese Planeten wurden Silikatplaneten wie die Erde. Weiter außen war der Strahlungsdruck zu schwach, um die leichten Elemente wegzublasen, so daß Gasplaneten wie Jupiter entstehen konnten. Die restlichen Planetesimale, die nicht bei der Entstehung der Planeten verbraucht wurden, treiben noch heute als Kometen und Asteroiden durchs All. Diese frühen Zustände der Planetenentstehung kann man in der Umgebung der Sterne beobachten.

Diese Theorie der Entstehung des Sonnensystems wurde von Planetenwissenschaftlern und Astronomen bereits vor vielen Jahren entwickelt. Jedoch konnte sie erst jetzt mit der Hilfe des HST durch die Auffindung derartiger Scheiben bewiesen werden. Diese Bilder sind Ausschnittsvergrößerungen von Aufnahmen des Orion-Nebels, die mit der WF/PC2 entstanden. Die abgebildeten Gebiete erstrecken sich nur über eine Ausdehnung von dem 30fachen Durchmesser des Sonnensystems und zeigen junge Sterne kurz nach ihrer Geburt. Von besonderem Interesse sind die sie umgebenden großen Scheiben aus 99 Prozent Gas und nur einem Prozent Staub.

PROTOPLANETARISCHE SCHEIBEN IM ORION-NEBEL

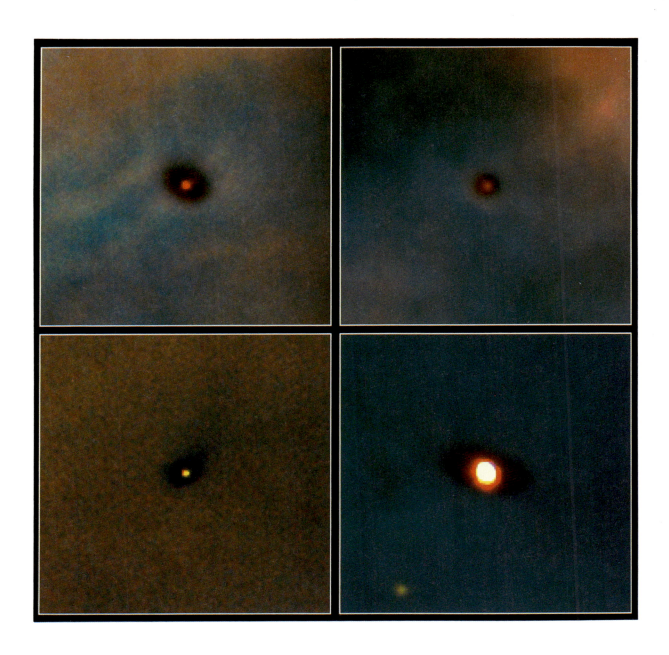

Bildtafel 25

GLIESE 229 MIT BEGLEITSTERN VOM TYP „BRAUNER ZWERGSTERN"

Der Stern Gliese 229 (oder kurz GL 229), 18 Lichtjahre entfernt im Sternbild Hase, ist ein kleiner, kühler Stern, der als „roter Zwergstern" bezeichnet wird. Rechts davon ist ein kleiner Begleiter, GL 229B, der eigentlich nicht als Stern bezeichnet werden kann, da er nicht massereich genug ist, um Wasserstoff zu verbrennen. GL 229B ist das erste Objekt, das definitiv als Mitglied der Klasse der „braunen Zwergsterne" identifiziert wurde. Braune Zwerge füllen die Lücke zwischen den Planeten und den Sternen. Sie sind weitaus größer als Planeten, aber noch nicht groß genug, um im Inneren die Wasserstofffusion zu starten und zu Sternen zu werden. Einige Astronomen schätzen, daß die Milchstraße Milliarden oder vielleicht sogar Billionen derartiger brauner Zwerge beinhaltet. Da sie jedoch keinen Wasserstoff verbrennen, sind sie nur sehr schwer zu entdecken, weil sie nicht so hell wie Sterne leuchten.

Wenn eine Gaswolke sich verdichtet, heizt sie sich auf. Falls der entstehende Materieball dann zu klein ist, um zu einem Stern zu werden und deswegen zu einem braunen Zwerg verkümmert, ist er immer noch heiß. Die Oberflächentemperatur beträgt jedoch nur einige hundert Grad, während Sterne einige tausend bis zehntausend Grad erreichen. Die gespeicherte Wärme wird langsam in Form von niederenergetischer, langwelliger Wärmestrahlung ins All abgegeben. Den gleichen Vorgang finden wir bei den Gasgiganten in unserem Sonnensystem, insbesondere bei Jupiter. Die abgestrahlten Wärmemengen sind im Vergleich zur Sonne jedoch verschwindend gering. Es war das infrarote Licht von GL 229B, das das HST erfassen konnte.

GL 229B weist etwa die 20- bis 50fache Masse von Jupiter auf, ist aber wesentlich dichter bei einem mit Jupiter vergleichbaren Durchmesser. Er ist mindestens 6,5 Milliarden Kilometer von GL 229 entfernt, weiter als Pluto von der Sonne. Diese große Entfernung ermöglichte es dem HST, ihn als eigenständiges Objekt zu sehen. Obwohl er abgedeckt wurde, füllt das Licht von GL 229 einen Großteil des Bildfeldes. GL 229B ist das lichtschwächste Objekt, das je um einen anderen Stern entdeckt wurde. Seine Existenz verleiht der Idee, daß auch bei anderen Sternen Planetensysteme vorhanden sein können, mehr Gewicht, obwohl Objekte, die kleiner sind oder näher bei einem Stern wie GL 229B stehen, zu schwach sind, um noch erfaßt zu werden. Die über das Bild verlaufende Linie, die von dem Stern ausgeht, ist nur ein Beugungseffekt, der bei der Aufnahme von hellen Sternen auftritt.

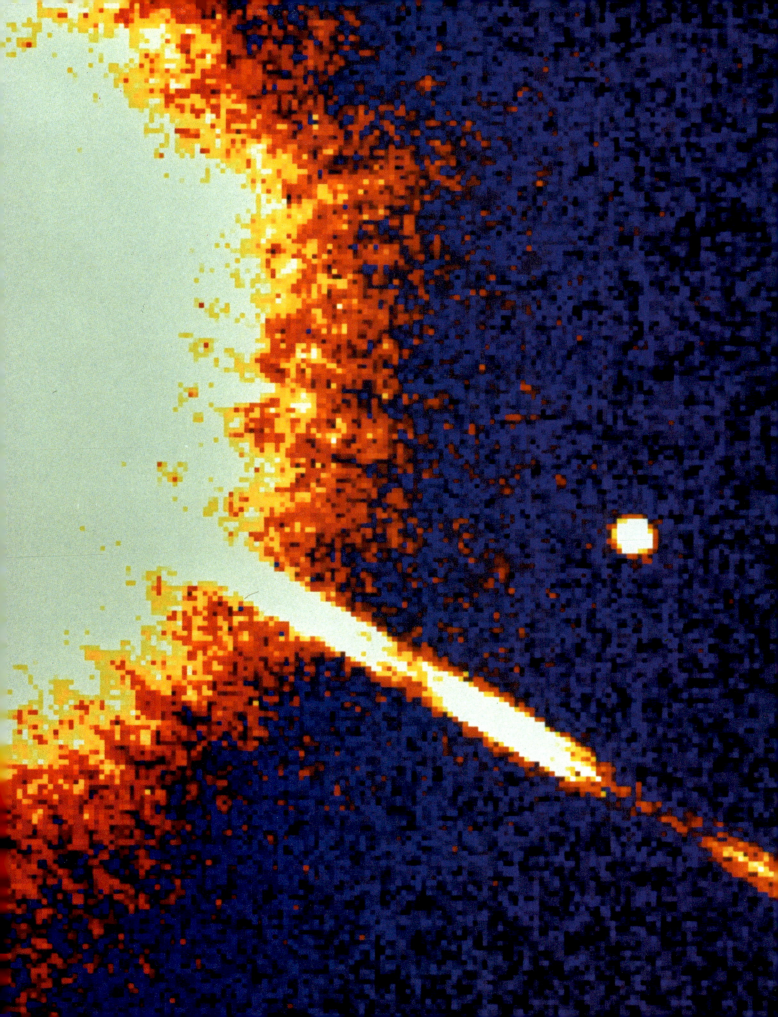

BILDTAFEL 26

ETA CARINAE

Achttausend Lichtjahre entfernt liegt im Eta-Carina-Nebel einer der massereichsten und instabilsten Sterne, die wir kennen. Eta Carinae kann einer der hellsten Sterne am Himmel sein, vier Millionen Mal heller, und 150mal größer als die Sonne sowie mit mehr als 29 000 Grad fünfmal heißer. Es sind auch große Helligkeitsschwankungen in völlig irregulären Abständen bekannt. Seine größten Helligkeitsänderungen ereigneten sich in den Jahren 1835 und 1845, als er plötzlich heller wurde und als der zweithellste Stern am Himmel stand.

Diese Veränderungen sind Anzeichen für seine äußerst instabile Struktur. Er stößt ständig Materie ab, und diese Ausbrüche können sich manchmal sehr heftig abspielen. Der Grund für diese Instabilitäten ist seine gewaltige Größe. Ein Stern von seiner Größe verbraucht den Kernbrennstoff sehr schnell und kann nur für einige Millionen Jahre überleben. Während dieser Zeit wird jedoch soviel Energie erzeugt, daß sie nicht nur als Licht abgestrahlt werden kann, sondern auch durch den Auswurf von Materie abgegeben werden muß.

Die Farben in dieser Aufnahme entsprechen den wirklichen Farben, die das HST im Licht von Eta Carinae gemessen hat. Sie wurde mit der WF/PC2 aufgenommen. Ältere Aufnahmen, noch mit der WF/PC1 vor der Servicemission erhalten, zeigen nicht diesen Detailreichtum.

Man sieht hier die Schale aus Material, das Eta Carinae in einem Ausbruch von 1835 bis 1845 abgestoßen hat. Sie ist der äußerste, rotglühende Ring um den Stern. In einigen Bereichen bewegt sich das Gas noch immer mit einer Geschwindigkeit von über 3 Millionen Kilometer pro Stunde. Der Stern wurde heller, als er das Material abstieß, da es sehr heiß war und deswegen auch Licht emittierte. Mit zunehmender Ausdehnung kühlte die Schale durch die Aussendung von Licht ab, was den Stern zunächst scheinbar heller machte. Die Schale besteht aus Stickstoff, Sauerstoff, Kohlenstoff und anderen Elementen, die durch die Kernfusion in sehr massereichen Sternen entstehen.

Eta Carinae wurde seitdem wieder dunkler; möglicherweise verschluckt eine Staubschale einen Teil des Lichtes des Sternes. Diese Schale ist der innerste, blau-weiße Bereich, der wegen seiner etwas grotesken Form auch Homunculus-Nebel genannt wird. Diese Region hat zwei Lappen aus Material, das in entgegengesetzte Richtungen fliegt. Im Gegensatz zu den Strahlen der Herbig-Haro-Objekte (siehe Bildtafel 23) liegen diese Strahlen in der Ebene der Scheibe. Das ist genau das Gegenteil dessen, was man erwartet hätte.

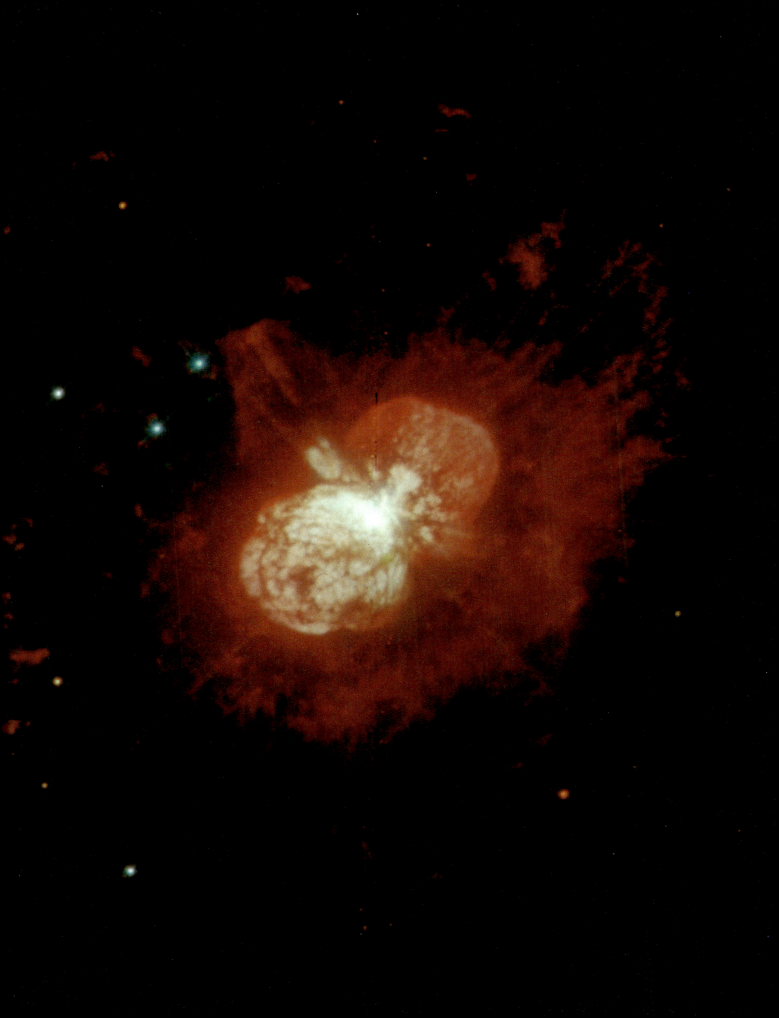

Bildtafel 27

NEBEL NGC 7027

Der planetarische Nebel NGC 7027 ist das Ergebnis eines Materieausstoßes von einem roten Riesen oder Superriesen. Er befindet sich in 3 000 Lichtjahren Entfernung im Sternbild Schwan. Planetarische Nebel erhielten ihren Namen im 18. Jahrhundert, da sie in den damaligen Fernrohren ähnlich aussahen wie die Scheibe eines Planeten. Erst später wurde ihre wahre Natur erkannt. Sie sind normalerweise in astronomischer Sicht sehr jung, meistens weniger als 50 000 Jahre alt.

Diese HST-Aufnahme ist aus Bildern im infraroten und sichtbaren Bereich zusammengesetzt. Die Wirkungen der verschiedenen Sternzustände sind deutlich erkennbar: Die blaßblauen Ringe sind Gasschalen, die nach und nach ausgestoßen wurden, als der Stern noch Helium verbrannte. Sobald der Kern kein Helium mehr aufwies, wurde plötzlich die gesamte verbleibende Materie um den Kern mit einem Helligkeitsausbruch (in der Bildmitte) abgestoßen.

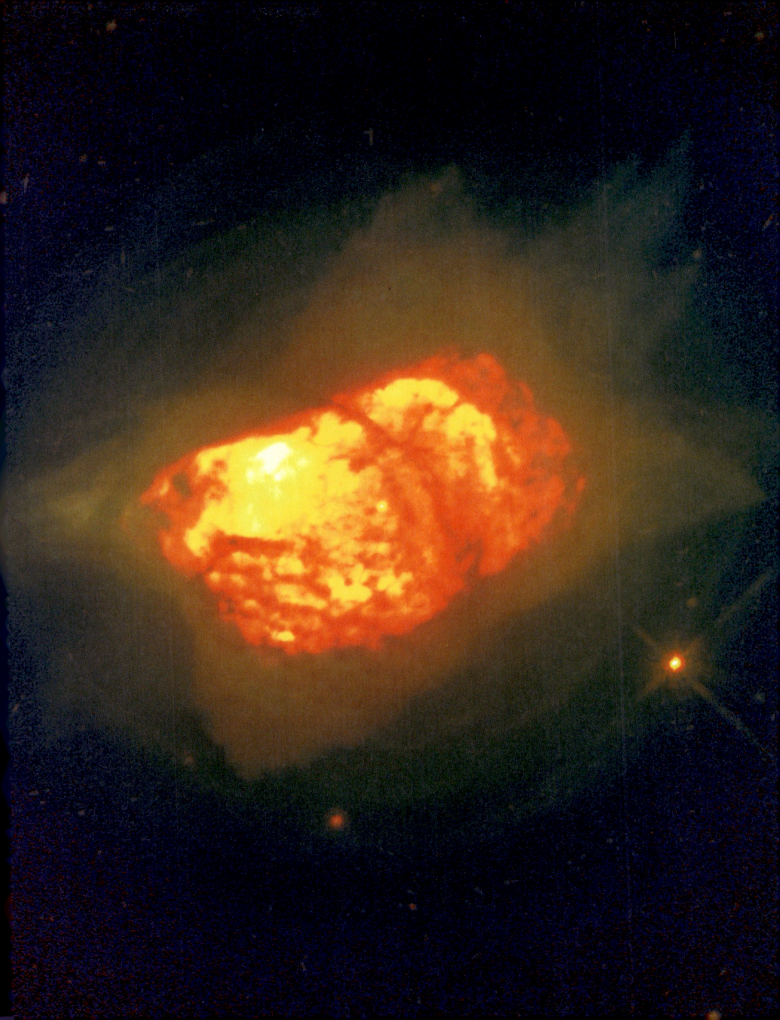

BILDTAFEL 28

EGG-NEBEL*⁾

Der „Egg"-Nebel (CRL 2688) ist ein planetarischer Nebel, etwa 3 000 Lichtjahre entfernt. Sein Zentralstern ist ein roter Riese, der derzeit Gas abstößt. Die letzte Phase, in der ein roter Riese Materie ausstößt, dauert nur ein- bis zweitausend Jahre, das entspricht einem Zeitraum von fünf oder zehn Minuten im Leben eines Menschen.

Dieses Bild ist eine Falschfarbenaufnahme der WF/PC2 von 1995. Das Gas wird von dem Zentralstern mit einer Geschwindigkeit von etwa 190 000 Kilometern pro Stunde ausgeworfen. Der Stern selbst ist hinter einem dichten Staub- und Gasband verborgen, das als dunkles Band in der Mitte des Nebels zu sehen ist. Möglicherweise markiert es die Ebene des Sternes. Gas wird stoßweise von dem Stern abgegeben; erkennbar ist das an den Bögen vor dem Hintergrund des Nebels. Die bogenförmigen Erscheinungen anstelle von Kugeln sind eventuell Schattenwürfe von dichten Materieanhäufungen. Dies ist besonders deutlich in der dunklen Ebene des Sternes zu sehen, was dem Nebel die für viele planetarische Nebel typische Form einer Sanduhr verleiht. Die vier hellen Strahlen, die sich weit aus dem Nebel erstrecken, können entweder von Löchern in der Schale um den Stern herrühren oder es sind Gasstrahlen, die an den Polen des Sternes austreten.

*⁾ Für diesen Nebel hat sich noch keine deutsche Fachbezeichnung durchgesetzt. Namensvorschlag der Übersetzer: Fresnel-Nebel (weil seine Strukturen und sein Aussehen an eine Fresnellinse erinnern).

SANDUHR-NEBEL

Der planetarische Nebel, der den Stern MyCn 18 umgibt, ist 8 000 Lichtjahre entfernt. Die Form einer Sanduhr des Gases, das von MyCn 18 ausgeht, entsteht durch Dichteunterschiede. Das Gas an den Polen ist weniger dicht als am Äquator. Letzteres bewegt sich schneller von dem Stern weg und ergibt die Form des Nebels. Die augenförmige Struktur im Inneren könnte von erst vor kurzem erfolgten Ausbrüchen herrühren, die ähnlich wie der bestehende Nebel wachsen werden.

Beobachtungen haben gezeigt, daß MyCn 18 nicht genau in der Mitte des Sanduhr-Nebels liegt. Dies legt die Vermutung nahe, daß der Stern noch einen unsichtbaren Begleiter hat, der Gas an den Polen weiter beschleunigt und die Sanduhrform des Nebels dadurch noch stärker ausprägt.

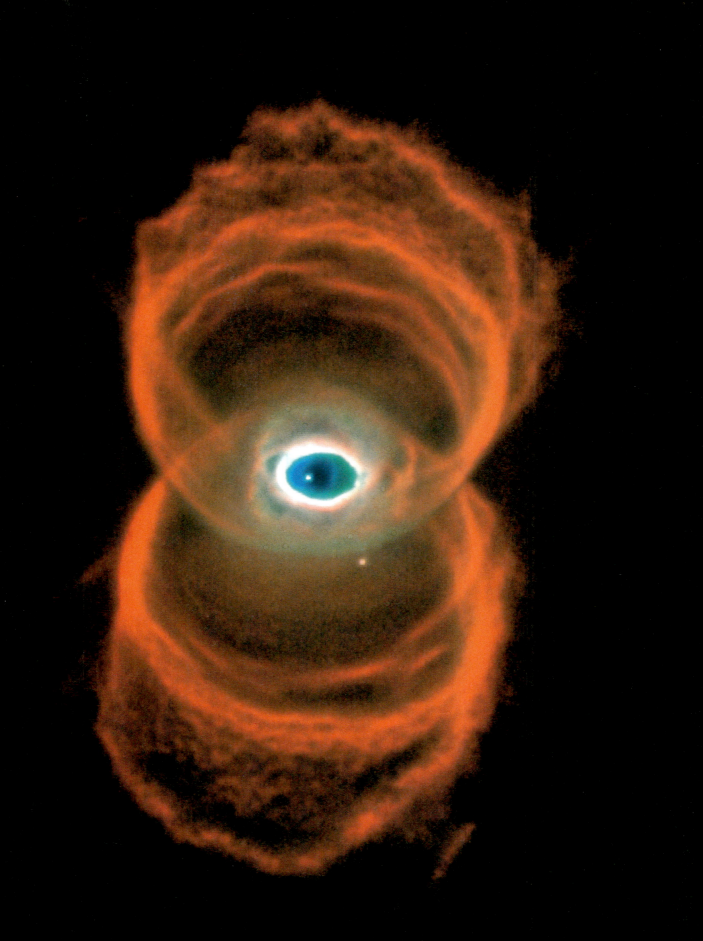

BILDTAFEL 30

KATZENAUGEN-NEBEL (NGC 6543)

Der Katzenaugen-Nebel (NGC 6543) ist einer der komplexesten planetarischen Nebel. Er liegt 3 000 Lichtjahre entfernt im Sternbild Drache, und seine verwickelte Struktur weist unter Umständen auf das Vorhandensein eines engen Begleiters des roten Riesen in der Mitte hin. Die zwei Sterne stehen jedoch so eng beieinander, daß sie nicht einmal mit dem HST einzeln abgebildet werden können. Das Erscheinungsbild des Nebels wird von verschiedenen unterschiedlichen Phasen des Gasverlustes des roten Riesen geprägt. Vieles von diesem Verlust erfolgte in der Form von Ringen, die in der Ebene der Umlaufbahn des Begleitsternes liegen.

Die Farben in dieser Kompositaufnahme geben einen Hinweis auf die atomare Verteilung in den verschiedenen Gebieten des Nebels. Rot markiert Wasserstoff, Blau Sauerstoff und Grün Stickstoff. Die grün leuchtenden Bögen aus Stickstoff wurden möglicherweise von zwei Jets, die vom Begleitstern ausgehen, verursacht. Materie, die auf diesen Stern fällt, wird stark beschleunigt und tritt an den Polen mit hoher Geschwindigkeit wieder aus. Wie bei den Herbig-Haro-Jets (Bildtafel 23) wird dieses Gas abgebremst, wenn es auf das Gas des Nebels oder auf das interstellare Material am Rande des Nebels trifft. Dabei wird Energie in Form von Licht freigesetzt. Die Form der Bögen läßt den Schluß zu, daß die Strahlen im Raum schlingern und deshalb Material über einen großen Bereich des Nebels verteilen.

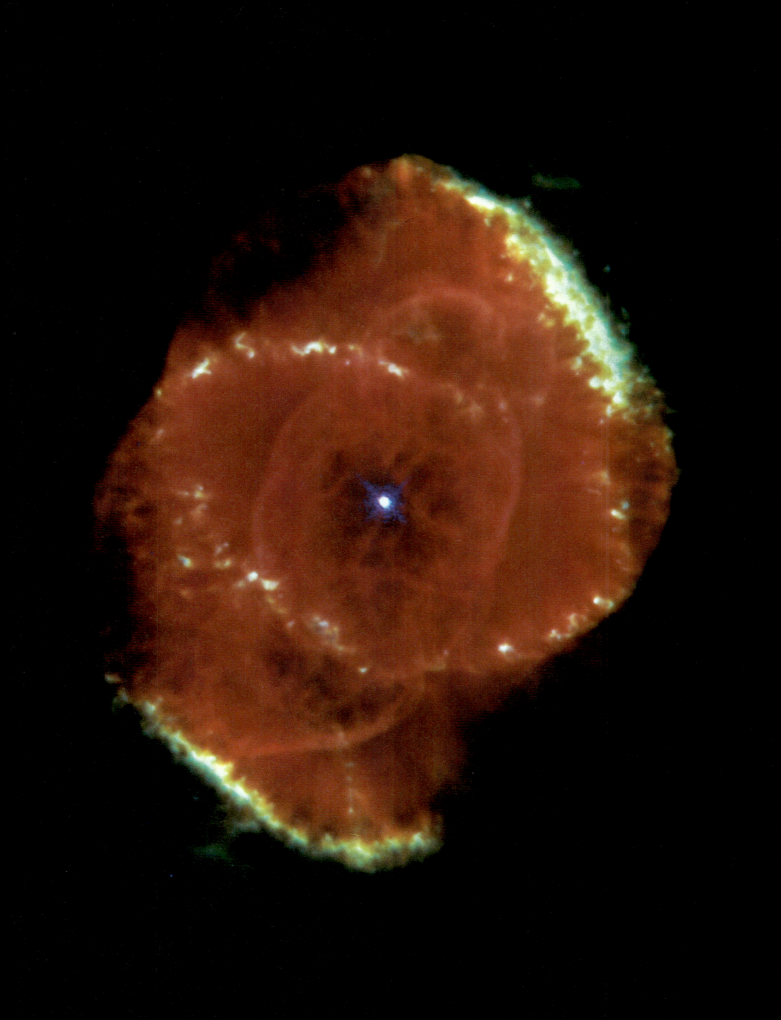

BILDTAFEL 31

HELIX-NEBEL (AUSSCHNITT)

Der Helix-Nebel ist mit nur 450 Lichtjahren Abstand der uns nächstgelegene planetarische Nebel. Durch seine Nähe erscheint er am Himmel halb so groß wie der Vollmond – das ist im Vergleich zu den meisten astronomischen Objekten sehr groß; allerdings ist er so lichtschwach, daß er nicht mit dem bloßen Auge gesehen werden kann.

Diese WF/PC2-Aufnahme zeigt einen Ausschnitt vom Rand des Nebels, einige Billionen Kilometer vom Zentralstern entfernt, und gibt einen Blick auf Tausende kaulquappenförmiger Gasblasen frei, die als „kometenähnliche Knoten" bezeichnet werden. Diese Knoten ähneln aber nicht im geringsten den Kometen in unserem Sonnensystem. Der Kopf jedes dieser „Kometen" ist größer als das gesamte Sonnensystem, und der Schweif erstreckt sich über mindestens 200 Milliarden Kilometer. Wahrscheinlich bildeten sie sich, als eine heiße Gasschale, die vom Zentralstern ausgestoßen wurde, mit einer kühleren, älteren Schale kollidierte. Die Vermischung von heißem und kaltem Gas verursachte die Bildung von Fingern aus dichterem Gas, die uns als diese „kometenähnlichen Knoten" erscheinen.

Diese Knoten werden innerhalb einiger hunderttausend Jahre verdampfen, aber eine interessante Vorstellung ist die Bildung von erdgroßen Objekten (Kometenkernen ähnlich) aus dem Staub im Inneren der Knoten. Diese „Planeten" würden dann durch die Galaxie wandern. Falls dies wirklich geschehen würde, könnte der interstellare Raum Milliarden dieser von planetarischen Nebeln gebildeten Körper beinhalten.

In diesem Bild werden Gebiete, in denen Wasserstoff leuchtet, grün dargestellt. Blau ist Sauerstoff und Rot Stickstoff.

BILDTAFEL 32

SUPERNOVA 1987A

Im Februar 1987 explodierte in der Großen Magellanschen Wolke ein Stern von 20- bis 25facher Sonnenmasse und bot mit seinem Ende eines der seltensten und spektakulärsten Schauspiele: eine Supernova. Bei einer Supernova stößt ein Riesenstern binnen einiger Sekunden mit unvorstellbarer Gewalt den größten Teil seiner Materie ins All. Während dieser kurzen Zeit wird das Zehnfache der Energiemenge freigesetzt, die unsere Sonne während ihrer gesamten Lebensdauer produziert. Verständlicherweise sind Supernovae sehr hell: In kleinen Galaxien kann eine Supernova so hell wie die restliche Galaxie als Ganzes erscheinen. SN 1987A ist die nächstgelegene Supernova seit der Erfindung des Fernrohres. Seitdem wurden erst fünf Supernovae in unserer Galaxie beobachtet; und die letzte besonders auffällige fand im Jahre 1054 im Sternbild Stier statt (ihre Reste bilden heute den Krabben-Nebel).

Es gibt zwei Typen von Supernovae, und SN 1987A gehört zu der energiereicheren. Sie ist eine Nova vom Typ II. Wenn Sterne von mehr als der zehnfachen Sonnenmasse den Heliumvorrat gegen Ende ihrer Existenz als roter Riese verbraucht haben, wechseln sie auf eine andere Art von Brennstoff über. Der Kern verdichtet sich, bis er heiß und dicht genug ist, um Kohlenstoff durch Kernverschmelzung zu schwereren Elementen zu verbrennen. Wenn sich dann genügend Eisen gebildet hat, kommt das nukleare Feuer zum Erliegen. Der Kern bricht dann urplötzlich im Bruchteil einer Sekunde zusammen und bildet eine Kugel mit nur wenigen Kilometern Durchmesser. Die dabei freigesetzte Energie stößt die äußeren Gasschichten mit Geschwindigkeiten von mehr als 10 000 Kilometern pro Sekunde ins All. Diese Schale aus überhitztem Gas dehnt sich aus und wird dann als Supernova sichtbar.

WF/PC2 nahm dieses Bild zwei Jahre nach der Explosion auf, um zu untersuchen, was sich seitdem ereignet hatte. Man sieht das Gas, das bei der Explosion ausgestoßen wurde. Im Gegensatz zu den Annahmen der Astronomen befinden sich die beiden Ringe vor und hinter dem Ort der Supernova. Man nimmt an, daß sie Teile der Schale sind, die von energiereichen Jets beleuchtet werden; diese Jets gehen vermutlich von einem vorher unbekannten Neutronenstern aus, der den explodierten Stern begleitet hatte. Die beiden hellen weißen Lichtpunkte sind andere Sterne im Blickfeld.

SUPERNOVA 1987A

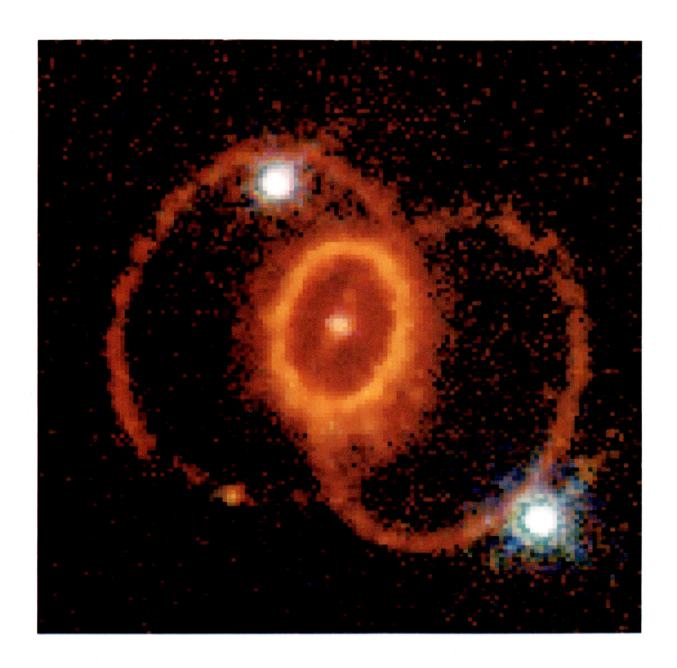

CIRRUS-NEBEL (SUPERNOVA-ÜBERREST)

Wenn eine Supernova explodiert, schleudert sie riesige Gasmengen mit extrem hohen Geschwindigkeiten ins All. Diese sich schnell ausdehnenden Gasmassen erzeugen eine Schockwelle, wenn sie auf interstellares Gas stoßen, und heizen dieses auf Millionen von Grad auf. Das heiße Gas strahlt Licht ab und markiert damit die fortschreitende Ausdehnung über viele tausend Jahre. Das schönste Beispiel dafür ist der Krabben-Nebel im Sternbild Stier aus dem Jahr 1054.

Die Gasschale dehnt sich in den interstellaren Raum aus, in dem ein sehr dünnes Gas die Lücke zwischen den Sternen füllt. Dieses Gas besteht normalerweise nur aus einigen Atomen pro Kubikzentimeter. Wenn die Schockwelle einer Supernova das interstellare Gas mitreißt, sammelt sie die Materie auf und hinterläßt ein Loch. Dabei wird die Welle abgebremst. Der Zusammenstoß veranlaßt das Gas, sich aufzuheizen und Energie in Form von Licht abzustrahlen.

Der kataklysmische Kollaps des Kerns eines Sterns erzeugt derartig hohe Temperaturen und Drücke, daß viele nukleare Reaktionen in der Gasschale um ihn während der ersten Sekunden ablaufen. Diese Reaktionen erzeugen Neutronen, die beim Zusammenstoß mit anderen Atomkernen schwerere Elemente bilden. Nur in Supernovae können Elemente entstehen, die schwerer als Eisen sind. Unter Umständen bilden diese Elemente dann einen Nebel und werden bei der Bildung von Sternen und Planeten mit eingebaut. Alle schweren Elemente, die wir auf der Erde finden, wurden auf diesem Weg erzeugt, im explodierenden Herzen eines riesigen, sterbenden Sterns.

Diese Aufnahme, noch mit der WF/PC1 gewonnen, zeigt nur einen kleinen Ausschnitt dieses riesigen Supernova-Überrestes in 2 600 Lichtjahren Entfernung. Er wird als Cirrus-Nebel bezeichnet und befindet sich im Sternbild Schwan. Der gesamte Nebel hat einen Durchmesser von 3 Grad, der sechsfachen Größe des Mondes. Vor möglicherweise 15 000 Jahren entstanden, hat sich die Schockwelle auf immer noch respektable einhundert Kilometer pro Sekunde verlangsamt. Die Aufnahme ist ein Drei-Farben-Komposit, bei dem jede Farbe die Strahlung eines Atoms abbildet. Sauerstoff mit einer Temperatur von 30 000 bis 60 000 Grad ist blau dargestellt, während Schwefel in kühleren Regionen mit etwa 10 000 Grad rot abgebildet ist. Die gelbe Farbe zeigt die Verteilung des Wasserstoffes an, der in der gesamten Schockwelle vorhanden ist.

BILDTAFEL 34

SUCHE NACH ROTEN ZWERGSTERNEN IM KUGELSTERNHAUFEN NGC 6397

Sterne in der Milchstraße bewegen sich unter den Einflüssen der Anziehungskräfte aller anderen Objekte. Wenn man die Bewegungen der Sterne studiert, kann man herausfinden, wie schwer die Milchstraße ist. Die Methode ist die gleiche, die man auch bei den Objekten des Sonnensystems angewendet hat. Bei dieser Berechnung für die Milchstraße, stellte sich heraus, daß die Materialmenge der Galaxie größer sein muß, als in Form von Sternen, Gas und anderen Objekten, die wir in den verschiedenen Wellenlängen erfassen können, vorhanden ist. Die Berechnungen an Galaxienhaufen ergaben, daß weniger als die Hälfte der Materie eines Haufens gesehen werden kann, in einigen Haufen sogar weniger als zehn Prozent. Dieses Problem wird als fehlende Masse oder „dunkle Materie" bezeichnet. Wir bezeichnen sie als „dunkel", da wir sie nicht sehen können. Daher wissen wir auch nicht, wie sie aussieht: Vielleicht hat sie die Form von braunen Zwergen, die so weit entfernt sind, daß wir ihre geringe Infrarot-Strahlung nicht mehr messen können; oder von exotischen Partikeln, die beim Urknall entstanden und nur durch ihre Anziehungskraft auf andere Teilchen nachweisbar sind.

Was immer es auch sein mag, die Existenz der dunklen Materie ist mit der Zukunft des Universums eng verbunden. Wenn das Universum mehr Materie als die „kritische Dichte" beinhaltet, wird es irgendwann in ferner Zukunft wieder in sich selbst zusammenstürzen. Auf der anderen Seite, wenn weniger Masse vorhanden ist, wird es sich in alle Ewigkeit ausdehnen. Viele kosmologische Theorien behaupten, daß das Universum gerade die kritische Masse hat, aber dem widersprechen Beobachtungen. Die Materie, die wir sehen können, umfaßt nur etwa 20 Prozent der kritischen Dichte, aber niemand weiß, wieviel dunkle Materie im Universum vorhanden ist.

Diese WF/PC2-Aufnahmen wurden auf der Suche nach dunkler Materie in der Milchstraße aufgenommen. Sie zeigen die Zentralgebiete des Sternhaufens NGC 6397, 7 200 Lichtjahre entfernt. Das HST versuchte herauszufinden, ob dunkle Materie Sterne mit sehr geringer Masse oder braune Zwerge gebildet hat. Falls sich dunkle Materie in diesen lichtschwachen Objekten befindet, sollte das HST in der Lage sein, sie zu sehen, was von der Erde aus unmöglich ist. Man beobachtete den Sternhaufen NGC 6397 und stellte Berechnungen an, was das HST sehen müßte, wenn eine größere Anzahl von kleinen Sternen in der Milchstraße wäre. Beim Vergleich von Beobachtung und Berechnung stellte sich heraus, daß es nicht genügend Sterne gibt, um das Gewicht der Milchstraße zu erklären. Wenn es eine ausreichende Anzahl gäbe, sollte das HST weitere dreihundert Sterne (jeweils einen für jede Raute im unteren Bild) sehen. Es fand aber nur zweihundert Sterne. Diese Ergebnisse lassen vermuten, daß der Großteil des Universums aus sehr seltsamen, unbekannten Partikeln besteht, und daß alles, was wir sehen können, nur einen ganz kleinen Teil des gesamten Universums darstellt.

SUCHE NACH ROTEN ZWERGSTERNEN IM KUGELSTERNHAUFEN NGC 6397

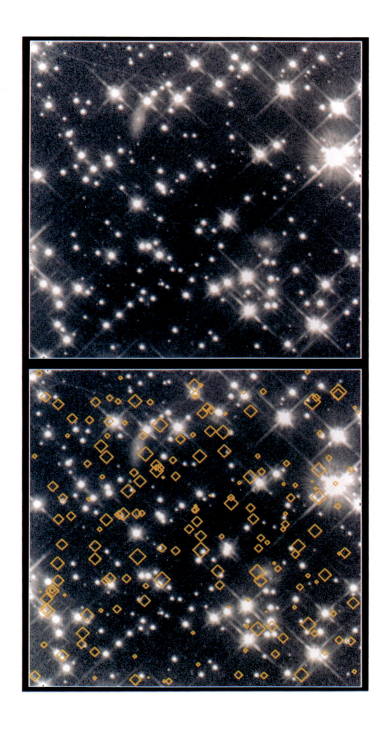

SPIRALGALAXIE M100

M100 ist eine Spiralgalaxie im Virgo-Haufen, der für uns der nächstgelegene große Galaxienhaufen ist und viele spektakuläre Exemplare der verschiedenen Galaxientypen aufweist. Spiralgalaxien, wie auch unsere Milchstraße, bestehen aus einer dünnen Scheibe aus Sternen und Gas, die um eine zentrale Ausbuchtung rotiert. Von der Seite gesehen, sieht das Ganze wie ein Diskus aus. Die Spiralarme als das auffälligste Merkmal sind riesige Bänder der Sternentstehung. Nirgendwo in der Scheibe einer Spiralgalaxie findet man mehr Sterne als in den Armen. Gerade in den Armen gibt es eine Menge massereicher junger Sterne, die hell leuchten und die Arme gegenüber dem Kern im Hintergrund durch die bläuliche Farbe hervorheben. Die Sternentwicklung in den Armen wird durch eine Dichtewelle hervorgerufen, die um die Scheibe läuft und das Spiralmuster verursacht. Normalerweise besitzen Spiralgalaxien zwei Arme, es wurden aber auch schon Exemplare mit einem oder drei Armen gefunden.

Die Aufnahme der WF/PC2 zeigt M100 in einem bisher unerreichten Detailreichtum. Es ist möglich, einzelne Sterne in den Armen der Galaxie zu sehen, wo frühere Bilder nur verwaschene Flächen aufwiesen.

VARIABLE STERNE VOM CEPHEIDEN-TYP IN M100

Der Grund für die Beobachtung von M100 (siehe vorherige Bildtafel) mit dem HST war die Suche nach sogenannten Cepheiden. Diese Sterne verändern ihre Helligkeit in regelmäßigen Zeitabständen, die in der Größenordnung von Tagen liegen. Der Zeitraum der Veränderungen ist eng mit ihrer absoluten Helligkeit verbunden. Wenn ein Cepheid so lange beobachtet wird, bis seine Periodendauer ermittelt ist, kann seine Helligkeit errechnet werden und daraus wiederum die Entfernung zur Erde. Wenn Cepheiden in anderen Galaxien gefunden werden können, ist es möglich, auch die Entfernung zu diesen Galaxien zu errechnen. Cepheiden sind daher als „Standardkerzen" die wichtigsten Maßstäbe.

Das HST fand 20 Cepheiden in M100. In den Abbildungen kann man leicht erkennen, daß der Cepheid zwischen dem 23. April und dem 9. Mai dunkler wurde und danach wieder an Helligkeit gewann. Aus diesen Zeiten konnte die Entfernung von 56 Millionen Lichtjahren mit einer Unsicherheit von 6 Millionen Lichtjahren errechnet werden. Diese Entfernung gibt eine Vorstellung davon, wie weit die anderen Galaxien des Virgo-Haufens entfernt sind.

Die Rotverschiebung von M100 ist ebenfalls bekannt, und aus den vorhandenen Meßwerten kann die Hubble-Konstante errechnet werden. M100 bewegt sich zwar nicht mit der Fluchtgeschwindigkeit des Universums, unterliegt aber dem gravitativen Einfluß der anderen Galaxien des Virgo-Haufens. M100 ist nicht weit genug entfernt, als daß sich die „merkwürdige Geschwindigkeit" erklären ließe, die durch die anderen umgebenden Galaxien verursacht wird und kleiner ist als die Geschwindigkeit, mit der sich das Universum ausdehnt. Es müssen noch Cepheiden in wesentlich weiter entfernten Galaxien gefunden werden, bevor man die Ausdehnung und das Alter des Universums auf diesem Weg ermitteln kann.

VARIABLE STERNE VOM CEPHEIDEN-TYP IN M100

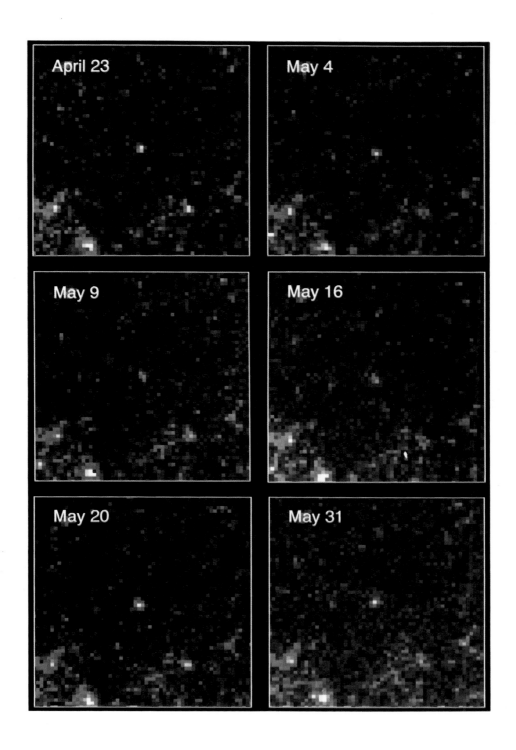

BILDTAFEL 37

STARBURST-GALAXIE NGC 253
(SILBERDOLLAR-GALAXIE)

Starburst-Galaxien sind Galaxien, die in einem relativ engen Raum eine hohe Zahl von Sternentstehungen aufweisen. Sie leuchten im infraroten Teil des Spektrums wesentlich intensiver als im sichtbaren Bereich. Die Infrarotstrahlung wird durch große Mengen Staub und Gas in Verbindung mit der Sternentstehung verursacht. Der Staub in den Wolken verschluckt die ultraviolette Strahlung der Sterne und gibt sie als energieärmere Wärmestrahlung wieder ab. Starburst-Galaxien sind normale Spiralgalaxien, die noch genügend Materie haben, um viele neue Sterne zu entwickeln. Der Grund für Starbursts ist noch unbekannt. Manchmal kann eine Nachbargalaxie durch Gezeitenwirkung die Bildung von Sternen angeregt haben. Andere Galaxien haben jedoch keinen Nachbarn, so daß es noch eine andere Ursache geben muß.

Die WF/PC2-Aufnahme zeigt die inneren 1 000 Lichtjahre der Galaxie aus einer Entfernung von acht Millionen Lichtjahren und in bisher unerreichter Bildschärfe. Zu finden ist NGC 253 im Sternbild Bildhauer. In diesem Gebiet scheinen sich Sterne in mehreren eng begrenzten Gebieten zu bilden (helle weiße Gebiete), vor denen sich Gas- und Staubstreifen kreuz und quer erstrecken.

Anmerkung: Diese Galaxie hat einen Eigennamen – „Silberdollar-Galaxie"; der Ausdruck Starburst-Galaxie gibt nur den Typ der Galaxie wieder.

BILDTAFEL 38

WAGENRAD-GALAXIE

Die Wagenrad-Galaxie ist eine 500 Millionen Lichtjahre entfernte große Galaxie im Sternbild Bildhauer. Der helle blaue Ring in dieser Galaxie zeigt an, daß sich etwas sehr Ungewöhnliches ereignet hatte. Der Ring hat 150 000 Lichtjahre Durchmesser und besteht aus hellen jungen Sternen. Die hohe Rate von Sternentstehungen im Ring wurde möglicherweise durch eine Schockwelle ausgelöst, die mit etwa 300 000 Kilometern pro Stunde auswärts raste. Diese Schockwelle wurde vermutlich hervorgerufen, als eine kleine Galaxie mit hoher Geschwindigkeit die größere durchdrang (siehe nächste Bildtafel). Vor der Kollision sah die Wagenrad-Galaxie vermutlich ähnlich aus wie unsere Milchstraße. Die „Speichen" des Wagenrades sind wahrscheinlich die früheren Spiralarme, die nun lichtschwach gegenüber dem weitaus helleren Ring erscheinen. Als die Schockwelle durch die Galaxie raste, dürfte sie überall Sternentstehungen ausgelöst haben. Die hellen Sterne im Inneren des Ringes alterten und wurden schwächer. Damit blieben nur noch die Gebiete übrig, in denen die Sternentstehung zuletzt einsetzte.

Diese WF/PC2-Aufnahme ist wieder ein Komposit aus Aufnahmen im blauen und infraroten Licht. Sie zeigt mit überraschender Detailgenauigkeit die Struktur des Ringes. Sterne bildeten sich in Haufen, als die Schockwelle das jeweilige Gebiet durchlief. Dies verleiht dem Ring ein etwas klumpiges Aussehen.

WAGENRAD-GALAXIE

BILDTAFEL 39

WAGENRAD-GALAXIE (AUSSCHNITT)

Es gibt nur zwei Galaxien in der Nähe der Wagenrad-Galaxie, die so nahe sind, daß sie den Kernbereich der Galaxie passiert und die Schockwelle verursacht haben könnten. Diese Galaxien sind wesentlich kleiner und stellen für die Astronomen eine Art Geheimnis dar, denn keine sieht so aus, als ob sie eine andere, viel größere Galaxie passiert hätte.

Die obere Galaxie sieht gleichförmig und ungestört aus. Wenn sie vor nicht allzu langer Zeit eine Kollision überstanden hätte, wäre ihre Form durch gravitative Einflüsse irregulär, weil die gravitative Anziehung der viel größeren Galaxie Material aus ihr herausgerissen hätte.

Die untere Galaxie macht zwar den Eindruck, als ob sie vor kurzem durch eine Begegnung aus nächster Nähe gestört worden wäre. Sie wäre auch mit Sicherheit diejenige, die dafür in Frage kommt, wenn in ihr kein Gas mehr vorhanden wäre, das sie bei einem Durchgang durch die Wagenrad-Galaxie verloren hätte. Das Gas selbst ist zwar unsichtbar, aber die hellblaue Farbe der Galaxie zeugt von Sternentstehungen, die ohne Gas nicht möglich wären.

WAGENRAD-GALAXIE(AUSSCHNITT)

BILDTAFEL 40

GALAXIE NGC 4881 IM COMA-HAUFEN

NGC 4881 ist eine massereiche elliptische Galaxie nahe dem Rand des Coma-Galaxienhaufens. Im Gegensatz zu Spiralgalaxien haben elliptische Galaxien ihren Gasvorrat aufgebraucht und erzeugen keine neuen Sterne mehr. Der Coma-Haufen besteht aus mindestens eintausend hellen Galaxien, sowohl spiraligen als auch elliptischen. Alle diese Galaxien liegen innerhalb einer Kugel von etwa 20 Millionen Lichtjahren Durchmesser.

Im Hintergrund dieser Aufnahme ist eine große Anzahl von anderen Galaxien zu sehen, die meisten aus dem Coma-Haufen. Rechts findet sich ein schönes Beispiel einer „face-on"-Spiralgalaxie, das heißt, wir sehen fast senkrecht auf die Ebene der Scheibe. Um NGC 4881, wie auch bei anderen großen Galaxien, finden sich einige Kugelsternhaufen (siehe Bildtafeln 22 und 34). Das HST suchte diese für den Versuch, die Entfernung von NGC 4881 festzustellen. Kugelsternhaufen weisen immer die gleiche scheinbare mittlere Helligkeit auf, unabhängig davon, welche Galaxie sie begleiten. Durch die Messung der mittleren Helligkeit um NGC 4881 und im Vergleich mit den Daten bekannter Haufen konnte die Entfernung von mehr als 300 Millionen Lichtjahren (knapp unter 100 Millionen Parsec) ermittelt werden. Durch die Messung der Rotverschiebung ergibt sich eine Fluchtgeschwindigkeit von rund 7 000 Kilometer pro Sekunde, woraus sich die Hubble-Konstante von etwa 70 Kilometer pro Sekunde und Megaparsec abschätzen läßt.

BILDTAFEL 41

HUBBLE DEEP* FIELD SURVEY

Diese Aufnahme wurde hergestellt, um Galaxien in einer größeren Entfernung zu studieren, als jemals vorher möglich war. Die einzelnen Bilder wurden über einen Zeitraum von 150 Umläufen des HST um die Erde gesammelt. Dabei zeigte das Teleskop in Richtung auf den nördlichen galaktischen Pol. Diese Himmelsgegend wurde ausgewählt, da sie senkrecht aus der galaktischen Ebene hinausführt und deshalb die Gas- und Staubmengen, die Licht verschlucken, so gering wie möglich sind. Jede der 342 Aufnahmen dauerte 15 bis 40 Minuten und wurde in vier Wellenlängen von Infrarot bis Blau durchgeführt. Mit diesen vier Farbauszügen ist es schon möglich, eine Menge über die Galaxien im Bild zu erfahren. Durch die extrem lange Belichtungszeit konnte soviel Licht wie möglich gesammelt werden. Einige der Objekte im Bild sind so lichtschwach, daß sie noch nie zuvor gesehen wurden, und sie sind möglicherweise fast so alt wie das Universum selbst. Diese schwachen Galaxien sind 4 milliardenmal lichtschwächer als Objekte, die gerade noch mit dem Auge wahrgenommen werden können.

Der Ausschnitt, den dieses Bild wiedergibt, ist winzig: nur ein Dreißigstel des Monddurchmessers. Man nimmt an, daß es dennoch einen repräsentativen Anblick des Universums, wie es sich in allen Richtungen bietet, darstellt. Es konnten mindestens 1 500 Galaxien aller Typen identifiziert werden. Diese Bilddaten wurden an die astronomische Fachwelt sofort nach ihrer Verfügbarkeit Mitte Januar 1996 weitergegeben. Die Auswertung dauert immer noch an, und es dürften sich noch viele neue Erkenntnisse daraus ergeben.

* In diesem Zusammenhang soll der Begriff „deep" erklärt werden. Mit „deep" bezeichnen Astronomen Objekte, die weit entfernt im Raum stehen und deswegen nur sehr lichtschwach erscheinen. Der Begriff „deep sky" oder wie hier „deep field" zum Beispiel bezeichnet Beobachtungen an lichtschwachen Galaxien und ähnlichen Objekten.

LICHTSCHWACHE BLAUE GALAXIEN

1995 wurde eine Beobachtungsreihe mit dem Ziel durchgeführt, Licht auf das Rätsel der „lichtschwachen blauen Galaxien" zu werfen. Während 48 Umläufen wurde vom HST ein Gebiet erfaßt, das zwar neunmal größer als der „Deep Field Survey" (siehe vorherige Bildtafel) ist, aber weniger Auflösung bietet. Dabei stellte sich heraus, daß der vor 4 bis 8 Milliarden Jahren im Universum am weitesten verbreitete Galaxientyp lichtschwach aussieht und mehr Licht im blauen als in den anderen Spektralbereichen abstrahlt. In jüngeren Zeiten scheint dieser Galaxientyp nicht mehr vertreten zu sein. Was geschah mit ihnen?

    Eine Vorstellung geht von der Blaufärbung aufgrund von Sternentstehungen aus, und die jungen, hellen Sterne machen sie sichtbar. Im heutigen Universum sind sie verblaßt, da die Sterne in ihnen ausgebrannt sind und unsichtbar wurden. Oder der kombinierte Einfluß von vielen Supernovaexplosionen hat sie auseinandergeblasen und die Sterne im intergalaktischen Raum verstreut. Eine andere Möglichkeit ist die Vereinigung von vielen kleinen zu wenigen, aber größeren Galaxien.

WEIT ENTFERNTE IRREGULÄRE GALAXIEN

Als die zuvor genannte Beobachtungsreihe ausgewertet wurde, fand man tatsächlich eine große Anzahl von blauen Galaxien. Die Bilder zeigen die Galaxien, wie sie vor einigen Milliarden Jahren aussahen. Erdgebundene Teleskope zeigten sie nur als verwaschene Fleckchen. Sie alle scheinen aufgrund ihrer fehlenden Form der Klasse der irregulären Galaxien anzugehören. Wie Spiralgalaxien beinhalten sie eine Menge von Gas und Staub, in denen sich häufig noch Sternentstehungen abspielen. Alle dieser Galaxien weisen helle blaue Regionen auf, in denen sich wahrscheinlich ein lebhafter Sternentstehungsprozeß abspielt.

Die Bilder lösten das Geheimnis der blauen Galaxien nicht. Im Gegenteil, sie warfen neue Fragen auf. Warum sind diese Galaxien so verformt? Warum bilden sich gerade in diesem Stadium in ihnen Sterne, während größere Galaxien – sowohl spiralige als auch elliptische – die meisten oder auch alle Sterne viel früher in der Geschichte des Universums bildeten?

WEIT ENTFERNTE IRREGULÄRE GALAXIEN

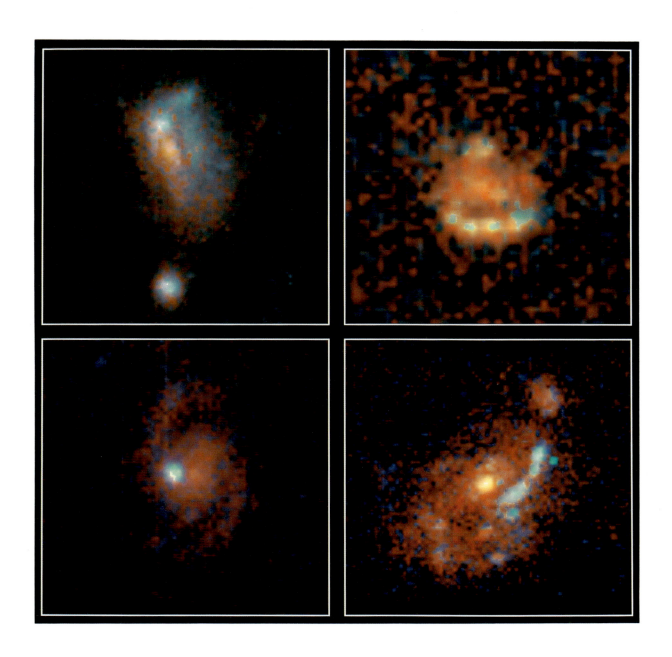

ENTWICKLUNG VON GALAXIEN

Nach dem Urknall war das Universum eine gleichmäßige und fast gleichförmige Mischung aus Wasserstoff und Helium. Nach etwa einer Milliarde Jahren wurde das Universum klumpig. Unter der Einwirkung der Schwerkraft wuchsen die Gasklumpen und konnten zu Sternen werden. Wir sehen diese Massen heute als Galaxien.

Diese Bilder können als Schnappschüsse einer Zeitreise betrachtet werden und zeigen, wie sich zwei Typen von Galaxien, auf der einen Seite elliptisch (zum Beispiel NGC 4881, Bildtafel 40), auf der anderen spiralig (M100, Bildtafel 35), entwickelt haben. Die obere Reihe zeigt Galaxien, wie wir sie heute sehen, etwa 10 bis 20 Milliarden Jahre nach dem Urknall. Wenn wir die Seite nach unten gehen, befinden sich die Galaxien in zunehmenden Entfernungen und werden damit älter bis hin zu Zeiten kurz nach dem Urknall.

Die elliptischen Galaxien blieben im Laufe der Zeiten ziemlich unverändert. Die Spiralgalaxien jedoch zeigen starke Veränderungen: Vor einigen Milliarden Jahren waren sie deutlich diffuser, sie haben sich also erst später zu ihrer heutigen Form gewandelt. Je weiter das HST in die Vergangenheit vordringt, desto undeutlicher werden die Spiralstrukturen. Kurz nach dem Urknall ist es schwierig, zwischen den beiden Typen zu unterscheiden. Es wird davon ausgegangen, daß die Entwicklungsreihe von einer konstanten Sternentwicklungsrate während der Existenz einer Spiralgalaxie abhängt.

ENTWICKLUNG VON GALAXIEN

BILDTAFEL 45

QUASAR PKS 2349

Als Quasare 1963 das erstemal entdeckt wurden, sahen sie wie helle Lichtpunkte – den Sternen ähnlich – aus. Deswegen wurden sie zuerst quasistellare Objekte (QSOs) oder Quasare genannt. Der Astronom Maarten Schmidt fand heraus, daß das Spektrum von Quasaren durch die Ausdehnung des Universums wesentlich weiter zum roten Ende des Spektrums verschoben ist, als es jemals vorher gesehen wurde. Das machte die Quasare zu den am weitesten entfernten Objekten im Universum. Viele Quasare sind so weit von uns entfernt, daß sie sich anscheinend mit 90 Prozent der Lichtgeschwindigkeit (270 000 Kilometer pro Sekunde) bewegen. Dem entspricht eine Entfernung von 10 Milliarden Lichtjahren.

Diese Entdeckung warf mehr Fragen auf, als sie beantwortete. Wenn Quasare so weit entfernt sind, müssen sie unvorstellbar hell sein, daß wir sie noch sehen können. Tatsächlich müßten sie heller als einhundert normale Riesengalaxien zusammen sein. Beobachtungen zeigten jedoch, daß Quasare sehr klein sind, vielleicht nur einige Lichtjahre im Durchmesser. Dies war bekannt, da Quasare ihre Helligkeit im Laufe der Zeit änderten. Die einzige Erklärung für ein Objekt, das derartig viel Energie in einem so kleinen Raum freisetzen kann, ist ein supermassereiches Schwarzes Loch mit mehr als der milliardenfachen Sonnenmasse.

Diese Bild zeigt den Quasar PKS 2349 als hellen Punkt. Schwach angedeutet ist die Galaxie, die ihn umgibt. Sie sieht aus, als ob sie durch die Vermischung mit einer anderen Galaxie auseinandergerissen wurde. Diese Tatsache war unerwartet, da man davon ausging, daß Quasare nur in ungestörten Spiralgalaxien vorkommen können. In der Umgebung finden sich weitere Galaxien des Haufens, zu dem die Heimatgalaxie des Quasars PKS 2349 gehört.

QUASAR PKS 2349

BILDTAFEL 46

SCHWARZES LOCH IN M 87

M 87 ist eine große elliptische Galaxie in 50 Millionen Lichtjahren Entfernung. Sie ist die beherrschende Zentralgalaxie des Virgo-Galaxienhaufens. Es war schon seit längerem bekannt, daß M 87 als Mitglied der Klasse der aktiven Galaxien eine sehr ungewöhnliche Galaxie ist.

Im Inneren von M 87 zog eine Radioquelle das Interesse der Astronomen als erstes auf sich. Der Durchmesser der Radioquelle beträgt nur 1,5 Lichtmonate, sie strahlt aber mehr Radiostrahlung als die gesamte Milchstraße ab. Außerdem tritt ein 6 000 Lichtjahre langer Gasstrahl aus dem Kern aus. Der Jet leuchtet bei sichtbaren Wellenlängen 25 millionenmal heller als die Sonne. M 87 produziert auch mehr Energie im Bereich der Röntgenstrahlung, als sichtbares Licht von Kern und Jet ausgeht.

Die Entstehung derartiger Energiemengen, wie sie M 87 ausstrahlt, benötigt mehr als nur Sterne. Irgendein Prozeß spielt sich im Innersten von M 87 ab, der diese extremen Energiemengen in einem derartig kleinen Raum (nur einige Zehntel oder Hundertstel eines Kubiklichtjahres) erzeugt. Das einzige Objekt, das der Wissenschaft bekannt ist, das soviel Energie erzeugen könnte, wäre ein Schwarzes Loch von den gleichen Ausmaßen, wie sie auch in Quasaren vermutet werden.

Das Bild zeigt den Kernbereich von M 87. Links unten ist die Position des schwarzen Loches. In der Umgebung findet sich sehr energiereiches Gas, das durch den Energieausstoß rund um das Schwarze Loch aufgeheizt wird. Man sieht auch eine gerade Linie durch die Bildmitte. Dies ist keine Beugungserscheinung, sondern ein Strahl aus Elektronen, die von Atomkernen losgerissen und auf 99 Prozent der Lichtgeschwindigkeit beschleunigt wurden. Einer dieser Strahlen tritt nahe eines Poles der Akkretionsscheibe aus.

Anmerkung: Der weiße Rahmen im Orginalbild zeigt den Ausschnitt, der in der nächsten Bildtafel zu sehen ist. Die Diagonallinien weisen auf eben diesen Ausschnitt hin.

SCHWARZES LOCH IN M87

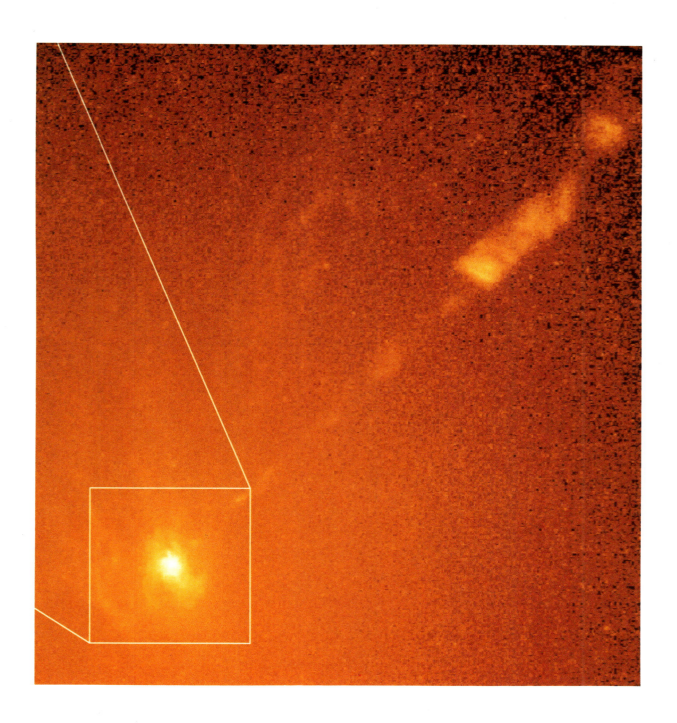

SCHWARZES LOCH IN M87 (2)

Schwarze Löcher entstehen, wenn ein Objekt so massereich oder so klein wird, daß es der eigenen Schwerkraft nicht mehr widerstehen kann. Es fällt zu einem mathematischen Punkt ohne Dimensionen zusammen, und nichts, das ihm zu nahe kommt, kann seiner Anziehungskraft widerstehen. Sogar das Licht ist nicht schnell genug. Es ist möglich, daß sich sehr massereiche Schwarze Löcher mit Massen, welche das Gewicht der Sonne um mehrere Millionen übersteigen, in den Kernregionen der meisten Galaxien bilden können. Vielleicht beinhaltet auch unsere Milchstraße im Inneren ein supermassereiches Schwarzes Loch. Wenn die Bedingungen geeignet sind, können Gasmassen und auch Sterne anfangen, in das Schwarze Loch zu stürzen. Dabei bildet sich eine Akkretionsscheibe aus, ähnlich wie bei entstehenden Sternen, nur viel größer, unter Umständen einige hundert Lichtjahre im Durchmesser. Je näher die Materie an das Schwarze Loch gerät, desto stärker wird sie aufgeheizt, bis sie Röntgen- und Gammastrahlen aussendet. Elektronen werden auf Geschwindigkeiten bis nahe an der Lichtgeschwindigkeit beschleunigt, und bei ihrer Rotation um das Magnetfeld des Schwarzen Loches geben sie Radiostrahlung ab. Etwas Materie wird aus der Scheibe geschleudert und als Gasstrahl mit immensen Geschwindigkeiten an den Polen mehrere hunderttausend Lichtjahre weit ins All geschossen.

Diese Detailaufnahme der Kernregion von M87 zeigt die Scheibe um das Schwarze Loch. Das Schwarze Loch selbst kann nicht direkt gesehen werden, da nicht einmal das Licht entkommt. Aber anhand des Spektrums des Gases in der Scheibe – 60 Lichtjahre vom Zentrum entfernt – ist es möglich, durch die Blau- und Rotverschiebung von Spektrallinien die Rotationsgeschwindigkeit der Scheibe zu messen. Das Gas bewegt sich mit bis zu 550 Kilometern pro Sekunde (fast zwei Millionen Stundenkilometer). Anhand dieser Werte kann die Masse des schwarzen Loches abgeschätzt werden. Im Falle von M87 hat es die 3millionenfache Masse der Sonne. Nichts anderes, das wir aus der Physik kennen, ist so klein und so schwer – es muß ein Schwarzes Loch sein.

SCHWARZES LOCH IN M87 (2)

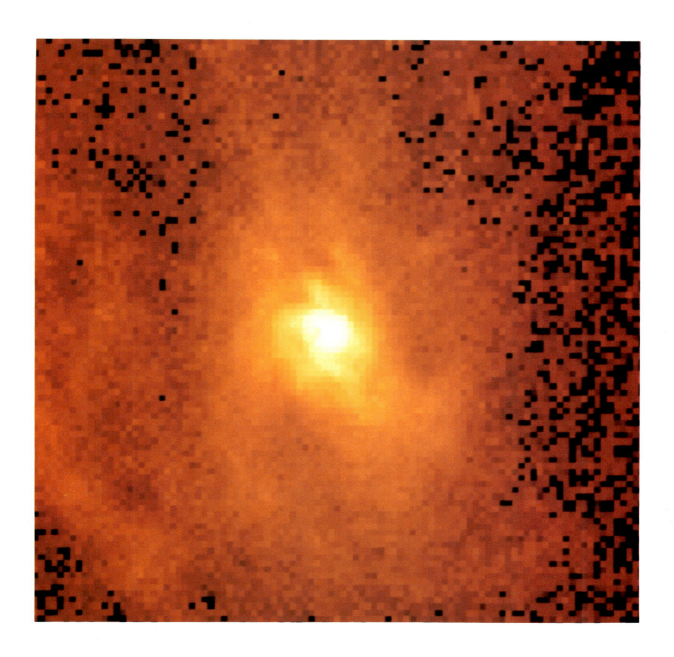

BILDTAFEL 48

SCHWARZES LOCH IN NGC 4261

NGC 4261 ist eine aktive elliptische Galaxie in 100 Millionen Lichtjahren Entfernung. Sie wird durch eine ausgedehnte Akkretionsscheibe aus Gas und Staub in ihrem Zentrum versorgt. Die Scheibe beinhaltet die Masse von einhunderttausend Sonnen auf einer spiralförmigen Bahn um ein Schwarzes Loch mit der 1,2milliardenfachen Sonnenmasse und dem Volumen des Sonnensystems. Elliptische Galaxien haben normalerweise nur wenig Gas und Staub, aber in diesem Fall sind – ähnlich wie bei M 87 – noch große Mengen an Gas vorhanden. Man nimmt an, daß es zu einer anderen, kleineren Galaxie gehörte, die in NGC 4261 stürzte und geschluckt wurde. Viele große elliptische Galaxien stehen im Verdacht, durch die Aufnahme von anderen, kleineren Galaxien gewachsen zu sein. Während der nächsten hundert Millionen Jahre wird das Schwarze Loch alles Gas und allen Staub aufbrauchen und dann möglicherweise ohne Nachschub existieren. Die Galaxie wird dann inaktiv und wieder zu einer normalen elliptischen Galaxie werden. Falls dies der Vorgang ist, der viele der aktiven Galaxien und Quasare mit Brennstoff versorgt, würde es erklären, warum es in der Frühzeit des Universums, in der solche Verschmelzungen häufig waren, mehr aktive Galaxien und Quasare gab, als es heute der Fall ist.

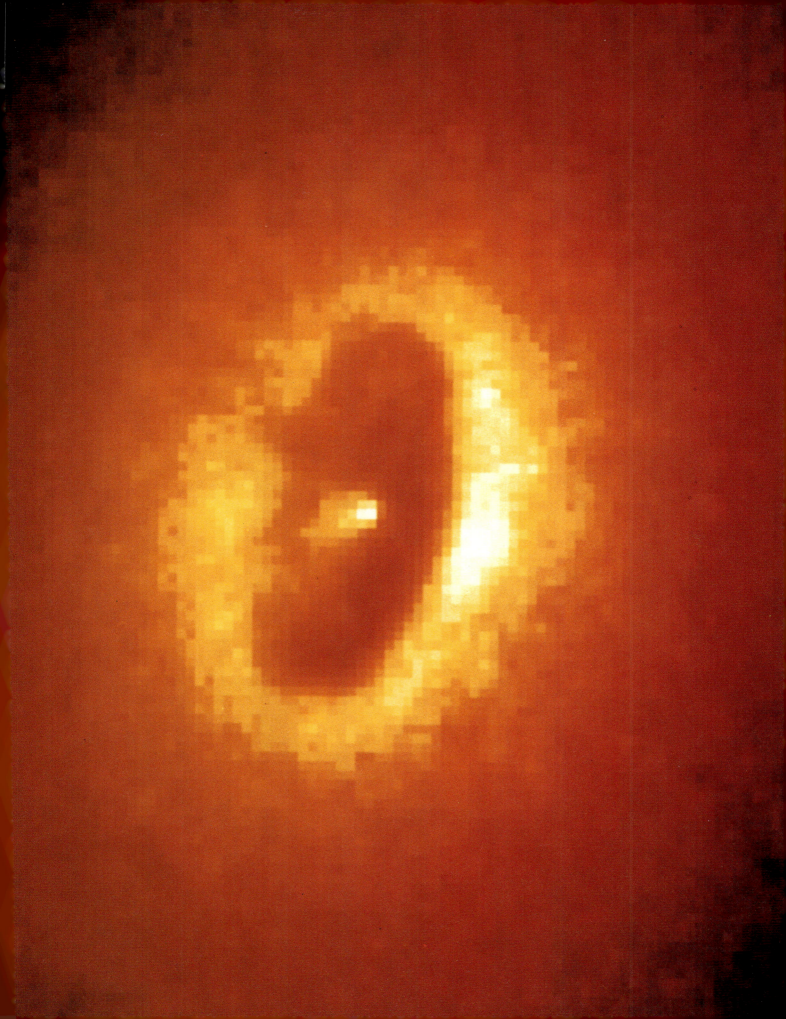

GRAVITATIONSLINSE

Wenn Licht nahe an einem massereichen astronomischen Objekt vorbeigeht, wird seine Bahn durch die Wirkung der Schwerkraft eine Kleinigkeit gekrümmt. Diese Wirkung wird als „Gravitationslinse" bezeichnet. Wie weit der Lichtstrahl abgelenkt wird, hängt von der Masse des Objektes ab: Je schwerer es ist, desto stärker ist sein Einfluß. Dieser Effekt wird von der allgemeinen Relativitätstheorie bestätigt. Wenn Licht durch Gravitationslinsen gebeugt wird, wird es ähnlich wie das Licht von einer Brille vergrößert und gebündelt. Wenn sich das Objekt, das die Linsenwirkung verursacht, in der Mitte zwischen uns und der Lichtquelle befindet, können wir Mehrfachbilder der Lichtquelle sehen. Da das Licht dabei auch gebündelt wird, werden damit Objekte sichtbar, die ansonsten zu weit von uns entfernt sind.

In der Milchstraße wird der Effekt der Lichtbrechung bei der Suche nach braunen Zwergen eingesetzt. Wenn ein brauner Zwerg vor einem anderen Stern vorbeiwandert, wird das Licht des Sterns etwas gebündelt und der Stern für kurze Zeit eine Kleinigkeit heller. Wenn dies bei einer Auswahl von Sternen häufig genug geschieht, kann mit statistischen Mitteln abgeschätzt werden, wie viele braune Zwerge in der Milchstraße vorhanden sind.

In diesem Bild beeinflußt die rote elliptische Galaxie das Licht einer anderen, weit hinter ihr befindlichen Galaxie. Dabei wird das Licht in vier symmetrischen Bildern gebündelt, dem sogenannten „Einstein-Kreuz". Während der Durchmusterung auf der Suche nach blauen Galaxien wurden nur zwei Gravitationslinsen gefunden. Sie sind deswegen so selten, da sowohl die Lichtquelle als auch die Gravitationslinse in einer Linie stehen müssen.

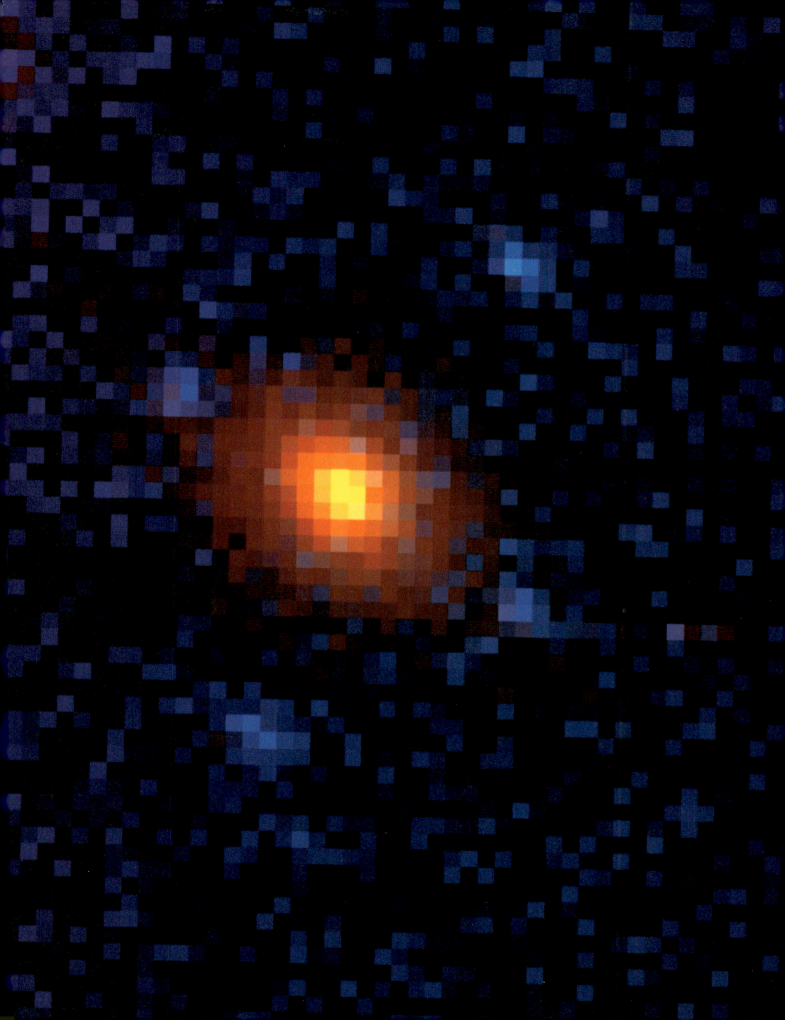

BILDTAFEL 50

GRAVITATIONSLINSEN IN ABELL 2218

Der dicht bestückte Galaxienhaufen mit der Bezeichnung Abell 2218 ist in dem etwa ein bis zwei Milliarden Lichtjahre entfernten Sternbild Drache zu finden. Alle Objekte in diesem Bild sind Galaxien. Die meisten Galaxien in Haufen wie Abell 2218 sind elliptisch, insbesondere im Zentrum, wo zerbrechlichere Spiralgalaxien bald durch die Annäherung von anderen Galaxien zerrissen werden. Es finden sich sowohl riesige Mengen von mehreren Millionen Grad heißem Gas, das hochenergetische Röntgenstrahlen ausstrahlt, als auch viel dunkle Materie. Die Gesamtmasse des Galaxienhaufens dürfte sich auf 50 Billionen Sonnenmassen belaufen.

Die ungewöhnlichen Lichtbögen in dem Galaxienhaufen sind durch Gravitationslinsen verzerrte Bilder von Galaxien, die zehnmal weiter von uns entfernt sind als Abell 2218. In sieben Fällen wurden Mehrfachbilder gefunden, alle anderen sind Einzelbilder, entstanden durch die gewaltige Masse von Abell 2218. Die „abgebildeten" Galaxien sind so weit von uns entfernt, daß sie ohne den gravitativen Einfluß von Abell 2218, der sie abbildet, für uns nicht zu sehen wären. Die Spektren der Galaxienbilder können uns Aufschluß über ihre Rotverschiebung und die Vorgänge in ihnen geben. Dieser Linseneffekt versetzt uns in die Lage, in Zeiten zurück zu sehen, in denen das Universum erst ein Viertel seines jetzigen Alters erreicht hatte.

GRAVITATIONSLINSEN IN ABELL 2218

GLOSSAR

Astronomische Einheit (AE): Eine astronomische Einheit ist die mittlere Entfernung der Erde von der Sonne und mißt 150 Millionen Kilometer. Sie ist ein brauchbarer Maßstab bei der Angabe von Planetenentfernungen.

Beugungsstrahl: Ein Bildfehler, der auftritt, wenn helle Sterne bei der Aufnahme überbelichtet werden, um schwache Objekte deutlicher hervortreten zu lassen. Er entsteht durch Beugung des Lichtes an Kanten von beispielsweise Fangspiegelhalterungen. Einige Bilder in diesem Buch weisen Beugungsstrahlen auf (z. B. Bildtafel 25). Ein ähnlicher Effekt tritt besonders bei CCDs auf, wenn einzelne Bildpunkte überbelichtet werden. In diesem Fall kann eine ganze Zeile aussetzen, was sich dann ebenfalls als heller Strich äußert.

Bogenminute: Eine Bogenminute ist der sechzigste Teil eines Grades oder der 21 600ste Teil eines Kreises. Ein Markstück erscheint aus 83 Metern unter einer Bogenminute.

Bogensekunde: In der Astronomie werden Winkel häufig in Bogensekunden gemessen. Eine Bogensekunde ist der 3 600 Teil eines Grades oder, anders ausgedrückt, weniger als ein Millionstel eines Kreises. Ein Markstück würde in einer Entfernung von knapp fünf Kilometern den Winkel einer Bogensekunde abdecken. Die WF/PC kann noch Objekte mit einem Winkelabstand von etwa einer zehntel Bogensekunde auflösen.

Brauner Zwerg: Ein sternähnliches Objekt, das zu klein und massearm ist, als daß die Verschmelzung von Wasserstoff im Kern einsetzen kann. Braune Zwerge leuchten nicht wie Sterne, können aber anhand ihrer Infrarot-Strahlung erkannt werden.

Cepheid: Eine besondere Art von sehr hellen Sternen, die ihre Helligkeit in regelmäßigen Zeitabständen verändern. Die Dauer der Veränderungen ist proportional zu ihrer Masse und damit zu ihrer Helligkeit. Wenn die Periode eines Cepheiden bekannt ist, kann daraus die Helligkeit und darüber die Entfernung ermittelt werden. Sie werden für die Messung von Entfernungen zu weit entfernten Galaxien verwendet (siehe Bildtafel 36).

Charge Coupled Device (CCD): Eine elektronische Photoplatte, die im HST verwendet wird, um Bilder aufzunehmen. Winzige elektronische „Augen", die Pixel, empfangen das gesammelte Licht und verwandeln es in elektrische Ladungen, die mit Computern ausgelesen und verarbeitet werden können. Die CCDs im HST haben 800 mal 800 Bildpunkte und bilden eine Fläche von etwa 2,7 mal 2,7 Bogenminuten ab.

Corrective Optics Space Telescope Axial Replacement (COSTAR): COSTAR wurde als Korrektur für den falsch geschliffenen Hauptspiegel des HST während der Reparaturmission eingesetzt. Das Gerät wurde auch schon als „die Brille für das Weltraumteleskop" bezeichnet.

Dunkle Materie: Jede Art von Materie, die wir nicht direkt oder indirekt sehen können, wird als dunkle Materie bezeichnet. Da wir sie nicht erfassen können, wissen wir nicht, woraus sie besteht. Sie kann nur durch ihre Anziehungskraft auf sichtbare Objekte gemessen werden. Möglicherweise bestehen bis zu 90 Prozent des Universums aus dunkler Materie (siehe Bildtafel 32).

Faint Object Camera (FOC): Ein Instrument des HST, das Bilder eines kleinen Himmelsausschnitts mit der sehr hohen Auflösung von 0,06 Bogensekunden erfassen kann.

Faint Object Spectrograph (FOS): Dieses Instrument soll die Spektren von Objekten aufnehmen, die zu lichtschwach sind, um von der Erde aus erfaßt zu werden.

Fine Guidance Sensors (FGSs): Die Einheiten dienen dazu, das HST mit Hilfe von Bezugssternen auf die gewünschte Himmelsregion auszurichten und in dieser Position zu halten. Außerdem können sie für hochgenaue Winkelmessungen an nahegelegenen Sternen verwendet werden.

Galaxie: Eine Ansammlung von Hunderten von Milliarden Sternen, die durch Gravitationskräfte zusammengehalten wird und in der häufig Gasmassen auftreten, wird als Galaxie bezeichnet. Spiralgalaxien wie unsere Milchstraße zeichnen sich durch ihre ausgeprägten Spiralarme aus. Elliptische Galaxien besitzen keine Gasmassen mehr, wodurch in ihnen die Sternentstehung zum Stillstand gekommen ist. Galaxien mit weniger deutlich ausgeprägter Form werden als irregulär klassifiziert. Anhäufungen von Galaxien, die durch die Schwerkraft aneinandergebunden sind, werden als Galaxienhaufen bezeichnet.

Goddard High Resolution Spectrograph (GHRS): Der GHRS kann Spektren von Objekten im ultravioletten Teil des Lichtes aufnehmen, der von der Erde aus nicht zugänglich ist.

Gravitationslinse: Wenn Licht von einer weit entfernten Lichtquelle an einem sehr massereichen Objekt vorbeifliegt, wird es geringfügig gebeugt. Dadurch tritt ein Linseneffekt ein, der Licht sammeln kann. In diesem Fall können Objekte beobachtet werden, die ohne diesen Effekt viel zu lichtschwach wären (siehe Bildtafeln 49 und 50).

High Speed Photometer (HSP): Das HSP wurde entwickelt, um die Veränderungen in der Lichtintensität bestimmter Objekte im Laufe der Zeit zu messen. Das HST erwies sich als eines der problematischsten Instrumente und wurde bei der Reparaturmission ausgebaut.

H-II-Region: Eine Gaswolke aus ionisiertem Wasserstoff, wie zum Beispiel 30 Doradus (Bildtafeln 19 und 20). Normalerweise besteht das Wasserstoffatom aus einem Neutron und einem Elektron. Wenn das Atom ionisiert wird, verliert es sein Elektron.

Hubbles Gesetz: 1929 stellte Edwin Hubble sein Gesetz des sich ausdehnenden Universums auf. Dabei soll die Fluchtgeschwindigkeit mit zunehmender Entfernung proportional zunehmen. Die fundamentale kosmologische Größe, die Hubble-Konstante, wurde aus diesem Gesetz abgeleitet und gibt das Verhältnis von Geschwindigkeit zu Entfernung an. Zur Zeit werden Werte zwischen 50 und 70 Kilometern pro Sekunde und Megaparsec als realistisch angenomen.

Infrarotes Licht: Elektromagnetische Strahlung, die im Spektrum zwischen dem langwelligen Ende des sichtbaren Spektrums und den Radiowellen liegt. Längerwelliges Infrarotlicht wird als Wärmestrahlung empfunden.

Komet: Ein kleiner Körper im Sonnensystem, der aus gefrorenen Gasen und Staub – wie ein schmutziger Schneeball – besteht. Er wird bei der Annäherung an die Sonne durch das verdampfende Gas sichtbar, da dies durch den Sonnenwind zum Leuchten gebracht wird. Das Gas bildet den Schweif. Man schätzt, daß ein Komet die Sonne etwa 1000mal umkreisen kann, bevor er verdampft (siehe Bildtafeln 13 und 14).

Komposit: Eine Aufnahme, die aus Einzelaufnahmen zusammengesetzt wurde. Diese Teilbilder können mit unterschiedlichen Filtern und Filmen entstanden sowie speziell bearbeitet worden sein. Damit ist bei vielen Objekten eine bessere Darstellung möglich. Genau betrachtet ist sogar ein gewöhnliches Dia schon ein Komposit aus einer roten, einer grünen und einer blauen Aufnahme.

Lichtjahr: Die Strecke, die das Licht in einem Jahr zurücklegt. Umgerechnet sind es fast 9,5 Billionen Kilometer. Kleinere Einheiten sind Lichtmonat und, seltener, Lichttag.

M-Nummern: Der französische Astronom Charles Messier (1730 bis 1817) stellte bei seiner Suche nach neuen Kometen einen Katalog nebelhafter Objekte zusammen, um nicht immer wieder von ihnen irritiert zu werden. Manche dieser Objekte sind bereits mit bloßem Auge zu sehen.

Nebel: Eine Wolke aus Gas und Staub, die häufig mehrere Millionen Sonnenmassen aufweisen kann. Nebel werden als die Geburtsstätte von Sternen angesehen.

NGC-Nummern: Die NGC-Nummer ist die Klassifikationsnummer aus dem New General Catalog of Nebulae and Clusters of Stars, der erstmals 1888 veröffentlicht wurde. Viele Himmelsobjekte sind unter ihrer NGC-Nummer bekannt.

Parsec: Entfernungseinheit, deren Name eine Kurzfassung von **PAR**allaxen **SEC**unde ist. Ein Stern, der binnen sechs Monaten (halber Erdumlauf um die Sonne) seine Position um eine Bogensekunde verändert, ist ein Parsec entfernt. In anderer Einheit ausgedrückt sind es umgerechnet 3,26 Lichtjahre. Größere Einheiten sind Kilo- und Megaparsec.

Planetarischer Nebel: Am Ende des Lebens eines roten Riesen werden die äußeren Schichten des Sterns abgestoßen und umgeben den Rest mit einer Schale aus Staub und

Gas. Diese Hülle wird von dem Sternenrest durch UV-Strahlung zum Leuchten angeregt. In den ersten Fernrohren erschienen diese Objekte wie kleine Planetenscheibchen.

Quasare: Sehr weit entfernte Galaxien, die unvorstellbare Energiemengen freisetzen. Diese Energie wird wahrscheinlich durch riesige Schwarze Löcher mit millionenfacher Sonnenmasse im Inneren erzeugt (siehe Bildtafel 45).

Roter Riese: Wenn ein Stern den gesamten Wasserstoff in seinem Kern verbrannt hat, beginnt er Helium zu Kohlenstoff zu verbrennen. Dies ist mit einer höheren Energieerzeugung verbunden. Daher dehnt sich der ursprüngliche Stern zu einem Vielfachen seiner Größe aus. Da die Oberfläche überproportional größer wird, muß sie abkühlen. Die Farbe des Sterns wird rötlich.

Roter Zwerg: Eine allgemeine Bezeichnung für alle Sterne mit weniger als einer Sonnenmasse. Diese Sterne sind kühler als die Sonne und erscheinen deshalb deutlich rötlich – daher der Name. Die meisten Sterne gehören in diese Kategorie.

Rotverschiebung: Im Licht von sehr weit entfernten Galaxien, die sich schnell von uns entfernen, sind die Linien des Spektrums zum roten Ende verschoben. Hubble entdeckte, daß der Betrag der Verschiebung proportional zur Entfernung ist. Wenn die Rotverschiebung bekannt ist, kann daraus die Geschwindigkeit und die entsprechende Entfernung errechnet werden. Ein anschauliches Beispiel für die „Rotverschiebung" ist die Tonhöhenänderung einer Schallquelle, die an einem vorbeifährt und sich dann schnell entfernt.

Schwarzes Loch: Ein Schwarzes Loch ist eine Materieansammlung, die unter ihrer eigenen Schwerkraft so weit geschrumpft ist, daß nichts, auch nicht das Licht, sie wieder verlassen kann (siehe auch die Bildtafeln 46, 47 und 48).

Spektrum: Wenn Licht in seine einzelnen Farben zerlegt wird, treten dünne dunkle Linien, die Fraunhoferschen Linien, in einem leuchtenden Farbband hervor. Diese dunklen Linien verraten, welche Atome in der Lichtquelle und auf dem Weg von der Lichtquelle zum Empfänger zu finden sind. Häufig ist das Spektrum die einzige Informationsquelle über die chemische Zusammensetzung von Sternen. Im HST untersuchen der FOS und der GHRS die Spektren von weit entfernten Objekten.

Standardkerze: Diese Bezeichnung wird auf Objekte angewendet, deren Helligkeit genau bekannt ist. Durch die Messung ihrer Helligkeit in weit entfernten Galaxien läßt sich die dazugehörige Entfernung errechnen. Die besten Standardkerzen sind die Cepheiden, aber auch andere Sterne sowie Supernovae und planetarische Nebel können als Hilfsmittel verwendet werden.

Stern: Eine Ansammlung von Wasserstoff und Helium, die sich unter dem Einfluß ihrer Schwerkraft zusammengeballt und dabei soweit verdichtet hat, daß der Wasserstoff zu Helium verbrannt wird, nennt man Stern. Die Kernreaktion erzeugt große Mengen an Energie, die wir als Licht sehen und als Wärmestrahlung messen können.

Supernova: Wenn ein Stern mit mehr als der achtfachen Sonnenmasse das Ende seiner Lebensdauer erreicht hat, stößt er mit einer unvorstellbaren Explosion die äußeren Schichten ab. Verbunden ist diese Explosion mit einem Lichtblitz, der Millionen von Lichtjahren weit gesehen werden kann.

Ultraviolettes Licht: Der sich an das blaue Ende des sichtbaren Spektrums anschließende Teil wird ultraviolettes Licht genannt. Die Atmosphäre blockiert den größten Teil des UV-Lichtes, weswegen Beobachtungen in diesem Wellenlängenbereich nur oberhalb der Lufthülle durchgeführt werden können.

Weißer Zwerg: Der Kern eines Sterns, der nach dem Abstoßen der äußeren Schichten eines roten Riesen zurückbleibt, wird als weißer Zwerg bezeichnet. In ihnen findet keine Kernfusion mehr statt, deshalb können sie nicht gegen ihre eigene Schwerkraft ankommen, die sie immer weiter zusammendrückt. Dabei heizen sie sich immer weiter auf. Dieser Schrumpfungsprozeß dauert an, bis die gesamte Materie auf die Größe der Erde verdichtet wurde. Die gespeicherte Energie wird im Laufe von Milliarden Jahren ins All abgestrahlt, bis zum Schluß nur noch ein ausgeglühter, kalter schwarzer Materieball, zum Großteil aus Eisen bestehend, übrigbleibt, der kaum zu entdecken ist. Unsere Sonne wird dieses Schicksal in rund 5 Milliarden Jahren erleiden.

Wide field/Planetary Camera (WF/PC): Dieser Geräteblock des HST besteht aus drei Weitwinkelkameras und einer kleineren, aber empfindlicheren Planetenkamera. Die vier CCDs können einen großen Himmelsausschnitt sehr detailliert aufnehmen, während das CCD mit dem kleineren Blickfeld etwas außerhalb der optischen Achse plaziert ist. Dies äußert sich bei einigen Bildern durch eine leichte trapezförmige Verzeichnung. Die erste WF/PC wurde bei der Reparaturmission durch eine neue Einheit ersetzt, die auch eine zusätzliche Korrekturoptik für den Fehler des Hauptspiegels beinhaltet.

BILDNACHWEIS

Bildtafel 1 - 6:   NASA

Bildtafel 7:   Philip James (Universität von Toledo), Steven Lee (University of Colorado) und NASA

Bildtafel 8:   Reta Beebe, Amy Simon (New Mexico State University) und NASA

Bildtafel 9:   K. Noll (STScI), J. Spencer (Lowell Observatory) und NASA

Bildtafel 10:   oberes Bild: J. T. Trauger (Jet Propulsion Laboratory), J. T. Clarke (University of Michigan), das Team der WF/PC2 und NASA/ ESA

unteres Bild: R. Beebe (New Mexico State University), D. Gilmore, L. Bergeron (STScI) and NASA

Bildtafel 11:   Peter H. Smith (University of Arizona) und NASA

Bildtafel 12:   R. Albrecht (ESA/ESO Space Telescope European Coordinating Facility) and NASA/ESA

Bildtafel 13:   H. A. Weaver (Applied Research Corporation), P. D. Feldman (Johns Hopkins University) und NASA

Bildtafel 14:   H.A. Weaver und T. E. Smith (STScI) und NASA

Bildtafel 15:   Heidi Hammel (MIT) und NASA

Bildtafel 16:   C. Robert O'Dell (Rice University) und NASA

Bildtafel 17 u. 18: Jeff Hester und Paul Scowen (Arizona State University) und NASA

Bildtafel 19 u. 20: NASA

Bildtafel 21:   R. Gilmozzi (STScI/ESA), Shawn Ewald (Jet Propulsion Laboratory) und NASA

Bildtafel 22:   P. Guhathakurta (UCO/Lick Observatory, UC Santa Cruz), B. Yanny (Fermi National Accelerator Laboratory), D. Schneider (Pennsylvania State University), John Bahcall (Institute for Advanced Study) und NASA

Bildtafel 23:	Jeff Hester (Arizona State University), WF/PC2 Investigation Definition Team und NASA
Bildtafel 24:	Mark McCaughrean (Max-Planck-Institut für Astronomie), C. Robert O'Dell (Rice University) und NASA
Bildtafel 25:	S. Kulkarni (Caltech), D. Golimowski (Johns Hopkins University) und NASA
Bildtafel 26:	Jon Morse (University of Colorado) und NASA
Bildtafel 27:	H. Bond (STScI) und NASA
Bildtafel 28 u. 29:	Raghvendra Sahai und John Trauger (Jet Propulsion Laboratory), das WF/PC2-Wissenschaftsteam und NASA
Bildtafel 30:	J. P. Harrington und K. J. Borkowski (University of Maryland) und NASA
Bildtafel 31:	C. Robert O'Dell und Kerry P. Handron (Rice University) und NASA
Bildtafel 32:	Christopher Burrows (ESA/STScI) und NASA/ESA
Bildtafel 33:	Jeff Hester (Arizona State University) und NASA
Bildtafel 34:	F. Paresce (STScI) und ESA/NASA
Bildtafel 35:	J. T. Trauger (Jet Propulsion Laboratory) und NASA
Bildtafel 36:	Wendy L. Freedman (Observatories of the Carnegie Institute of Washington) und NASA
Bildtafel 37:	Carnegie Institution of Washington und NASA
Bildtafel 38 u. 39:	Kirk Borne (STScI) und NASA
Bildtafel 40:	WF/PC-Team und NASA
Bildtafel 41:	Robert Williams und das Hubble Deep Field Team (STScI) und NASA
Bildtafel 42:	Rogier Windhorst und Simon Driver (Arizona State University), Bill Keel (University of Alabama) und NASA
Bildtafel 43:	Richard Griffiths (Johns Hopkins University), das Medium Deep Survey Team und NASA

Bildtafel 44:		A. Dressler (Carnegie Institutions of Washington), M. Dickinson (STScI), D. Macchetto (ESA/STScI), M. Giavalisco (STScI) und NASA

Bildtafel 45:		John Bahcall (Institute of Advanced Study) und NASA

Bildtafel 46 u. 47:	Holland Ford (STScI/ Johns Hopkins University), Richard Harms (Applied Research Corporation), Zlatan Tsvetanov, Arthur Davidsen und Gerard Kriss (Johns Hopkins University), Ralph Bohlin und George Hartig (STScI), Linda Dressel und Ajay K. Kochbar (Applied Reserach Corporation), Bruce Margon (University of Washington) und NASA

Bildtafel 48:		L. Ferrarese (Johns Hopkins University) und NASA

Bildtafel 49:		Kavan Ratnatunga (Johns Hopkins University) und NASA

Bildtafel 50:		W. Couch (University of New South Wales), R. Ellis (Cambridge University) und NASA

Für interessierte Leser mit Zugang zum WorldWideWeb, die weitere Bilder und englischsprachige Informationen suchen, wird noch auf zwei Adressen hingewiesen:

1. Space Telescope Science Institute in Baltimore, MD:
http://www.stsci.edu/pubinfo/Pictures.html
2. European Coordination Facility (mit Archiv) in Garching:
http://ecf.hq.eso.org/

VERZEICHNIS DER BILDTAFELN

Die angegebenen Zahlen beziehen sich auf die Nummern der Bildtafeln

Adler-Nebel	17, 18	Komet Hale-Bopp	13
Cirrus-Nebel	33	Komet P/Shoemaker-Levy 9	14
Egg-Nebel	28	Kugelsternhaufen	
Eta Carinae	26	M15	22
Galaxien		NGC 1850	21
Entwicklung von G.	44	NGC 6397	34
Hubble Deep Field Survey	41	R136	19, 20
Lichtschwache blaue G.	42	Mars	7
NGC 4881 im Coma-Haufen	40	Nebel NGC 7027	27
Spiralgalaxie M 100	35	Orion-Nebel	16, 24
Starburst-G. NGC 253	37	Planetarische Nebel	27-31
Wagenrad-G., 38	39	Pluto und Charon	12
Weit entfernte irreguläre G.	43	Quasar PKS 2349	45
Galileische Monde	9	Sanduhr-Nebel	29
Gasstrahlen von jungen Sternen	23	Saturn	10
Gliese 229	25	Schwarzes Loch	46-48
Gravitationslinsen	49, 50	Supernova 1987A	32
Helix-Nebel	31	Tarantel-Nebel	19, 20
Jupiter	8, 15	Titan	11
Katzenaugen-Nebel	30	Variable Sterne vom Cepheiden-Typ	36